とうほく巨樹紀行

はじめに

深山にぽつねんと立つ巨樹に出逢うたび、一つの説を思い出す。森の木を次々伐るという行為に対し人間の原罪を認め、森の中でひと際大きい巨樹を木々の代表として王座に据える。そして祀り崇《あが》めることにより自然を支配する神の許しを請い、併せて神となった巨樹の活力の分与にも預かりたいという願望が、神の木を誕生させてきたという説である。

秋田と岩手の県境に広がり、本州秘境の一つといわれ人を容易に近付けさせない和賀山塊。その懐深き山中でブナの巨樹に出逢ったとき、真っ先にその説を思い出した。

このブナに逢いに行こうと思い立ったのは、当時、「日本一のブナ」として話題に上っていたことと、同じ時期、家電製品のCMである有名女優がこのブナの側に立っているシーンの映像が流されていたことだった。多分に合成映像のCMではないかと思いつつも、「あの有名女優がこのブナの側に立っている」ということが強い誘因となったのは確かである。

難儀な道のりを息急き切ってこのブナの前に立ったとき、道々の苦労は一瞬にして雲散霧消するほど、ブナはまさに木々の代表として王座に座り、自然を支配する神の許しを請うて「神の木」となって神々しい姿をしていた。

言いようもない気高さと神秘的なたたずまいをしているもの、天に向かってスラリと真っ直ぐに伸びているもの、急斜面の大地にしっかり踏ん張っているもの、隆々と根っこをむき出しにしているもの、幹内部が空洞化しているのに粛然としているもの、空を覆うかのように伸び伸びと枝を広げているものなど、巨樹にも様々な樹相や風貌があり、人を惹き付ける魅力に事欠かない。いずれも数百年の歳月を生き抜いてきた巨樹たちはじっとその場所に座し、ひたすら自然の猛威に耐えてきた姿は実に逞しい。その前に立つと、自分の卑小さを思い知らされると同時に、人間にはない活力、精気、生命力がひしひしと伝わってきて、そこに「カミ」の気配を感じて畏敬の念が湧いてくるのは、ごく自然の流れというものであろう。

山旅を好んだ若山牧水は書く。

「人は彼の樹木の地に生えている静けさをよく知っているであろうか。ことに時間を知らず年代を超越した様な大きな古木の立っている姿の静けさを。自然界のもろもろの姿をおもう時、私はおおく常に静けさを感ずる。なつかしい静寂を覚ゆる。中で最も親しみ深いそれを感ずるのは樹木を見る時である。また、森林を見、且つおもう時である。樹木の持つ静けさには何やら明るいところがある。柔らかさがある。あたたかさがある」と。

樹木の持つ静けさ、明るさ、柔らかさ……。相対する歓びを肌で感じ、心を揺さぶられに足の向くまま巨樹の前に立つのも決してむだな時間ではないだろう。

目次

※表紙の写真は宮城県亘理町・称名寺のシイノキ

青森県

根岸の大イチョウ（県指定天然記念物）

伊能忠敬も見上げた？

おいらせ町東下谷地九

東北の巨樹巡りを思い立っての最初の出逢いは、根岸のイチョウであった。自宅を早朝の四時に出発し、休憩もそこそこに東北自動車道をひた走ること五時間余、目的地に到着したときは小雨も上がり薄日が差してきた。小さな参道入り口からは周囲の木々の背丈を遥かに突き出たイチョウの頂上部が見え、幹周りはどうなっているのだろうと、期待を膨らませて朱色の鳥居三本をくぐる。

狭い境内の大部分を占めて泰然と鎮座する大イチョウは、冬枯れのため枝の一本々々の造形がくっきりと分かり、飾り気のない素顔はやや荒々しく見えた。それでもちらほら芽吹き始めた姿に、この季節ならではの息吹と確かな躍動感が伝わってくる。

御神木として崇敬されてきたのであろう、数十本が株立ちとなった太い幹に聖なる木であることを示す細い注連縄が下がる。それが空洞化し枯れた幹をきりりと引き締め、神木らし

く神々しく映る。大地にしっかり張った根は、参道敷石の一部を突き上げ、その力強さと逞しさに感心するものの、大イチョウにとってはさぞや息苦しいのではなかろうか、と思わぬ心配も募る。

樹齢千百年以上（町文化財審議会調査）とされる大イチョウは、母乳不足の母親の乳が出るように祈ればその願いが叶う霊樹として、また安産の守り神として、近郷近在に知れ渡ってきた。

昔、慈覚大師が、人々に仏の道を教えながら諸国を行脚して、恐山に向かうためこの地を通り掛かった。大師は川のほとりの小高い丘の上に腰を下ろし、しばし景色に見とれていたが、旅の疲れにいつの間にか手にしたイチョウの杖に寄り掛かったまま寝込んでしまった。眠りの中で不思議な夢を見て、やがて夕日が西の山に沈む頃に眼を覚ました。「これは遅くなった」と急いで立ち上がろうとしたところ、手にしていたイチョウの杖に根が生えて動かなかった。そこで、大師はその謂れを書いた紙片と一体

樹高33メートル、幹周16メートル、推定樹齢1000年

の不動尊像を杖の根元に残して立ち去った――との伝えがある。

境内に不動堂が建っているのは、そんな由縁からなのだろう。

イチョウそばに立つ「巡見使道」の案内板に、「この付近の道は藩政時代、数多くの巡見使が通行した公道で、南部藩主第三十三代利視《としみ》公を始め伊能忠敬、松浦武四郎などが往来した道路」とあった。伊能忠敬は日本地図作成で、松浦武四

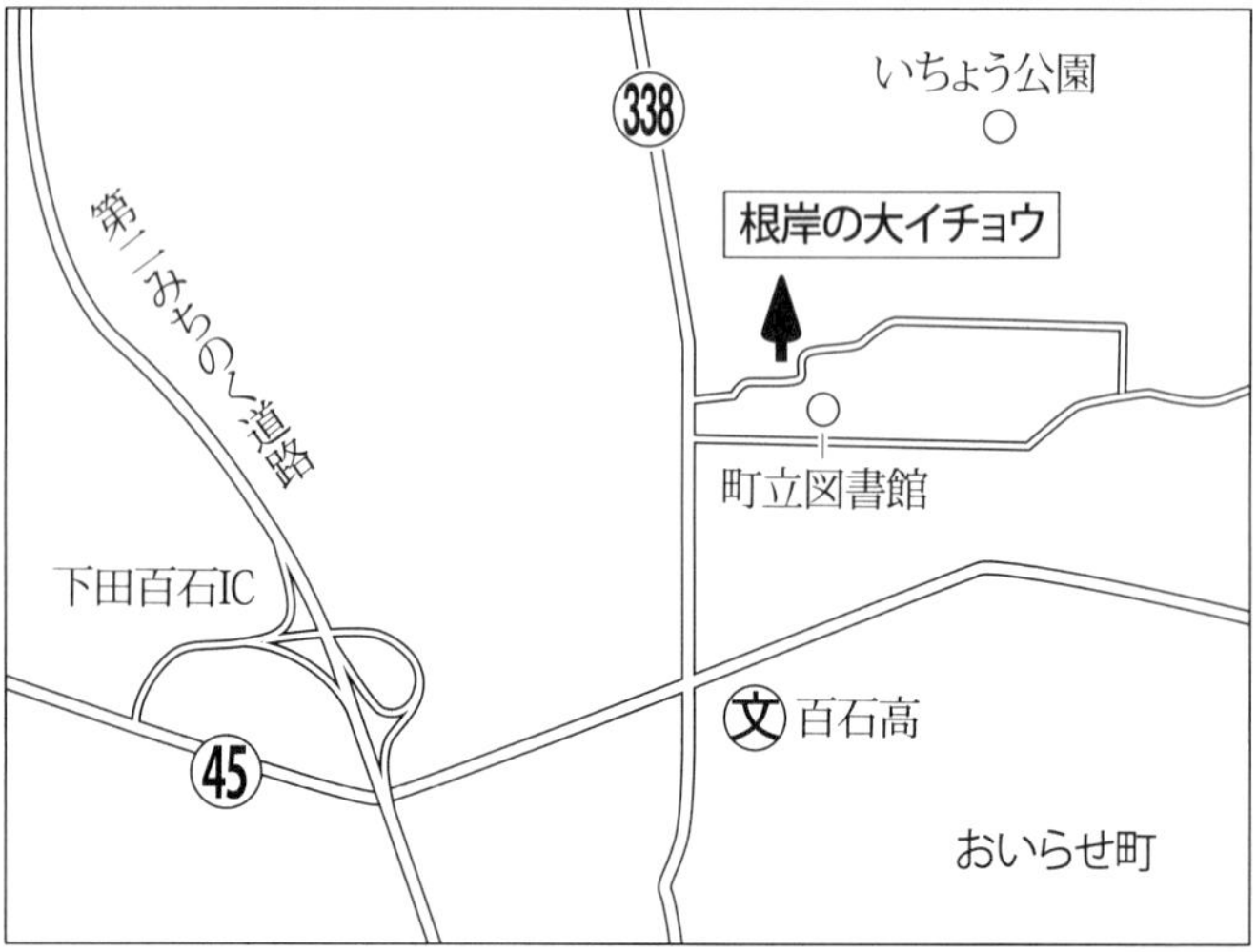

郎は蝦夷地を北海道と命名したことで知られる歴史上の人物。当然、彼らもこの大イチョウと出逢い、大イチョウは歴史的偉業を成し遂げた彼らを見送っただろう——と思いながら、やはり天明年間に東北地方を旅した橘南谿や古川古松軒のことも思い出した。特に古川古松軒は、一七八八年（天明八年）に将軍の代替わりを各地に知らせる幕府の巡見使に同行して蝦夷地に行っていることを考えれば、ここを通過した可能性がある。

大イチョウに付随するかのように、二本の大イチョウが立つ。それら三本が一斉に秋色に染まる頃、ここは黄金色に輝くちょっとした異空間となることだろう。

法量のイチョウ（国指定天然記念物）

紅白の幕が崇敬を表す

十和田市大字法量字銀杏木一六ノ二

十和田湖へ通じる国道102号沿いの山すそ斜面に、地上三メートル付近の主幹からさらに六本の太い枝幹を東西南北に伸ばして大イチョウはのびやかに立っていた。芽吹きの気配を感じ始めた枝々は地面すれすれまで枝垂れ、その先端部は地面に接するのを嫌がるかのように反り返っている。新緑、浅緑、深緑と季節が移ろうごと、まばゆいばかりに変身する心象風景が次々と湧いてくるが、何と言っても秋色深くなる時節には、鮮やかな装いに目を見張るに違いない。

「巨樹に注連縄」は分かるが、紅白の幕が幹周りを取り巻いている。今までたくさんの巨樹と出逢ってきたが、紅白の幕が巻かれたのは初めて見る。お目出度さを示すというより、やはり崇敬の念を表すと考えた方が良さそうだ。紅白の幕で覆うことには賛否もあるだろうが、意外にも悪くない。

銅板で葺かれた根元の小祠には、雨乞いの神として知られる「八大龍王大神」が祀られ、そこで軽く参拝を済ませてからイチョウ周囲をゆっくり歩いてみた。枯葉が幾重にもびっしり積もっている地面は、殊の外軟らかく高級クッションの上を歩いているようで実に気持ちいい。滋養満点の腐葉土として利用価値も高く、これだけの巨樹に生長してきた一因は、この落ち葉とも決して無関係ではないだろう。

一九二六年十月二十日、当時の内務省が全国から五本のイチョウを選び、初めて国の天然記念物に指定されたときの一本がこの法量のイチョウ。そのとき同時に国指定を受けたのは、宮城県の苦竹《にがたけ》イチョウ(樹高三十二メートル、幹周八メートル)、東京都の善《ぜん》福寺《ぷくじ》のイチョウ(樹高二十メートル、幹周十・四メートル)、富山県の上日寺《じょうにちじ》のイチョウ(樹高三十

樹高32メートル、幹周14.5メートル、推定樹齢1100年

六メートル、幹周十二メートル)、佐賀県有田のイチョウ(樹高三十八メートル、幹周十・二メートル)である。

雄株のため銀杏《ぎんなん》はならないが、古木のイチョウによくありがちな気根が多く垂れた姿に「乳もらいのイチョウ」として、古くから母乳不足で困っている女性の信仰の対象ともなってきた。環境

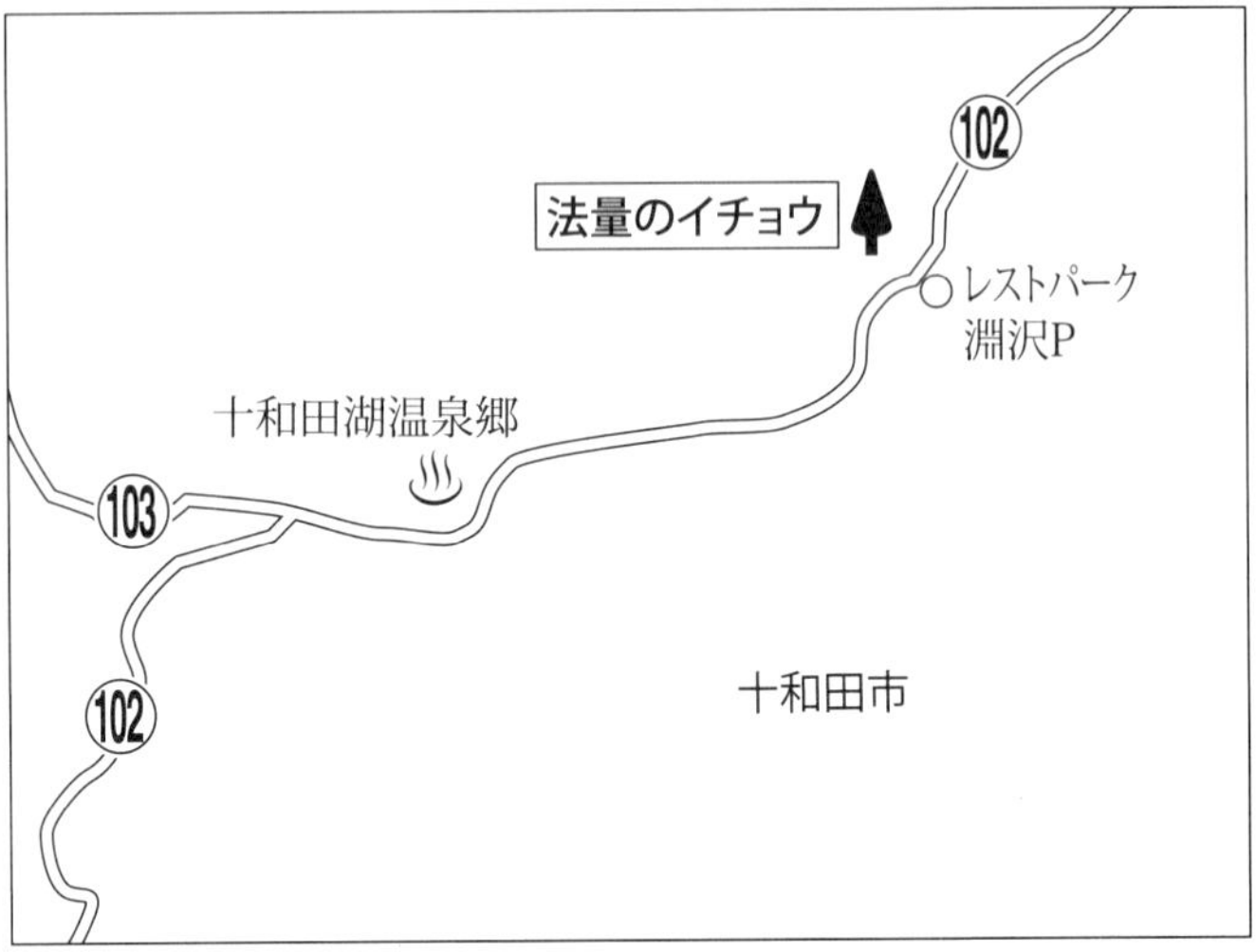

省による一九九八年の調査では、イチョウの部国内第四位にランクされている。また、十和田湖伝説に登場する南祖坊の出生、修行などの説話が残っており、南祖坊手植えのイチョウとも伝えられる。

イチョウ前方に十和田湖を源とする奥入瀬川が流れる。雪融けによる影響なのだろう、水量豊富な流れはひと際速く、躍動感ある川音は巨樹周囲まで伝わってくる。その音は春の到来を告げる音でもあり思わず心も弾んでくる。

イチョウ前に広がる田圃の畦にフキノトウが芽を出していた。「山笑う」季節はもうそこまで来ている。

大銀南木《おおいちょうのき》（県指定天然記念物）

荒々しく広がる幹と枝

七戸町銀南木、銀南木農村公園

落葉樹は、瑞々しく葉が繁茂し始めるとき、あるいは鮮やかに色付く紅葉時に、人々をより感動させる。全身を黄色に染めたときのイチョウは、その感動がさらに高まる一瞬ではなかろうか。だが、この大銀南木、冬枯れ姿もなかなかである。

一見すると枝ばかりで味も素っ気もないが、遠目から見ると四方八方に伸びる荒々しい幹や枝々は、何となく迷企羅《めきら》大将像（新薬師寺）の怒髪を思い起こさせ、まるで荒ぶる神が鎮座しているようで凄《すご》みすら感じる。虚飾を全て拭い去った外連味《けれんみ》のない冬枯れ姿は、迫り来る迫力があり、これはこれで実にいいものだ。

幹周囲にへばりつく多数の乳根、垂れ下がるあまり地面に達してしまった幹からは、生長していっぱしの若木になった幹が天に伸びる。何という逞しさだろう。何という生命力だろう。感動ものだ。地面から生え出た若木に主幹の枝が繋がっている姿態もあり、それはお互い精気を分け与え合っていると見紛う、何とも不思議な構図だ。根元に幣束、樹下に二つの小祠が祀られ巨樹に対する信仰心も伝わってくる。

こんな伝えがある。

この地に縁の深い法身《ほっしん》国師は、一一八九年（文治五年）の春、常陸国真壁郡（茨城県中部）に生まれ、一二七三年（文永十年）、洞内村洞内（十和田市）の地に八十五歳で入寂《にゅうじゃく》した。法身は俗名を平四郎といって、十八歳頃真壁の城主、左衛門尉経明《つねあき》の草履取り（下足番）であったが、寒風下の主人の下足を懐中で保温したことで主人の怒りに触れて面を割られ、平四郎はその下駄を拾ってその場を立ち去った。後日、仏縁によって入宋（中国）して径山寺で修行し、ついに臨済禅によって大徳と敬われるようになり、法身国師の法号を賜る。その後、郷里の真壁に照明寺開山教化の実を上げ、後に松島（宮城県）の青龍山円福寺（後の瑞巌寺）開山に際し、執権北条時頼から招かれるに至る。ここでも「大徳の教化に参禅の徒四方より雲集」とある。

国師は後日の栄耀《えいよう》を

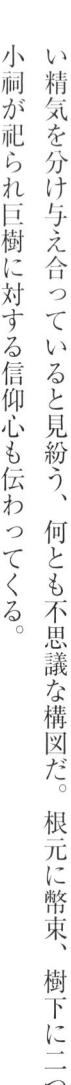

樹高26メートル、幹周12メートル、推定樹齢700年

嫌って、みちのく糠部《ぬかのぶ》は倉岡川の上流に一二六三年(弘長三年)、七十五歳のときに庵を結んだ。この地に安住する国師のもとに旧主の経明主従四人が訪ね、経明は道無の法号を許されてついに法身の弟子となった。その後、里人が今に伝えて五庵川原または御庵川原と呼ばれるように五人の庵ができ、その礎石と井戸などが最近まで残っていたと言われ、この大イチョウは、その頃法身国

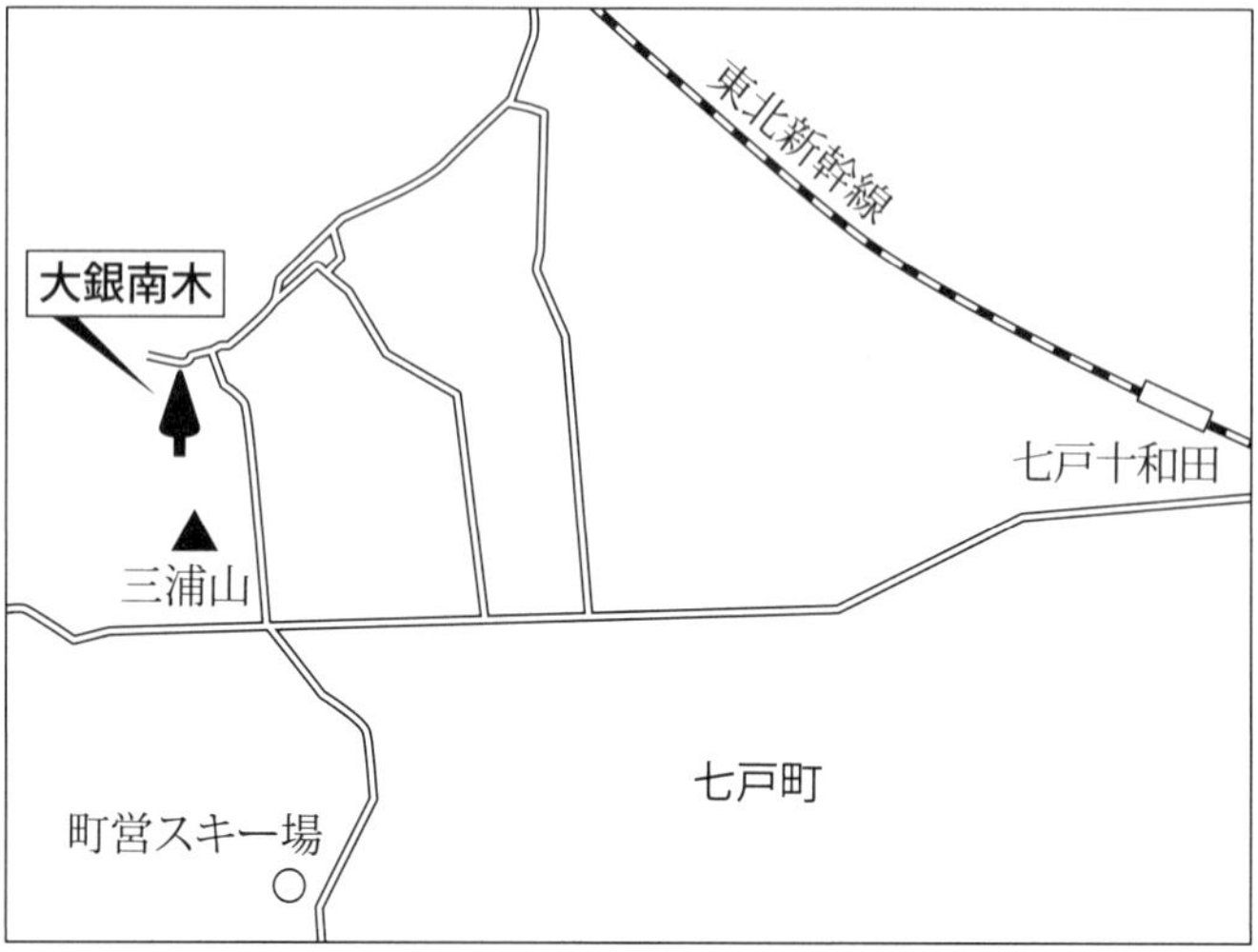

師により手植えされたと伝えられる。
イチョウは、簡易な遊具施設(滑り台、ブランコ)、小さな人工の渓流、東屋、花壇などのある小さな農村公園内に立っている。花壇に咲くスミレ、スイセンの花々、のどかな公園に沿って流れる用水路の軽やかな水音に、やわらかな春の兆しを感じる。みちのくの春はこれからだと告げるかのように、若木の桜も膨らみ出していた。

宮田のイチョウ（市指定天然記念物）

海からの風にそよぐ緑

青森市宮田字山下

早朝から何度も場所を尋ねた揚げ句、ようやくイチョウの前に着いたのは昼近くになっていた。地図に掲載されていない新道路が最近完成したため、全く方向感覚が狂ってしまい、かれこれ二時間近くもイチョウの周囲を巡っていたのだ。

真夏日の炎天下の中、深緑に繁茂したイチョウは、時折吹いてくる海からの風にそよぎ、気持ち良さそうに立っているのを見て、時間を費やしたことなどすっかり忘れてしまった。

イチョウ背後の里山は杉や雑木で緑陰を成し、その下で昼食を摂っている人々がいた。その光景に誘われるように、大イチョウとのゆっくりとした出逢いは後回しにしてコンビニで調達したおにぎりでまずは腹ごしらえをした。

イチョウ前のプレハブ小屋に人の気配があったので、イチョウのことを尋ねようと中に入ると、そこには何と女性ばかり三十人ほどがいて、足を踏み入れた途端、一斉に視線を注い

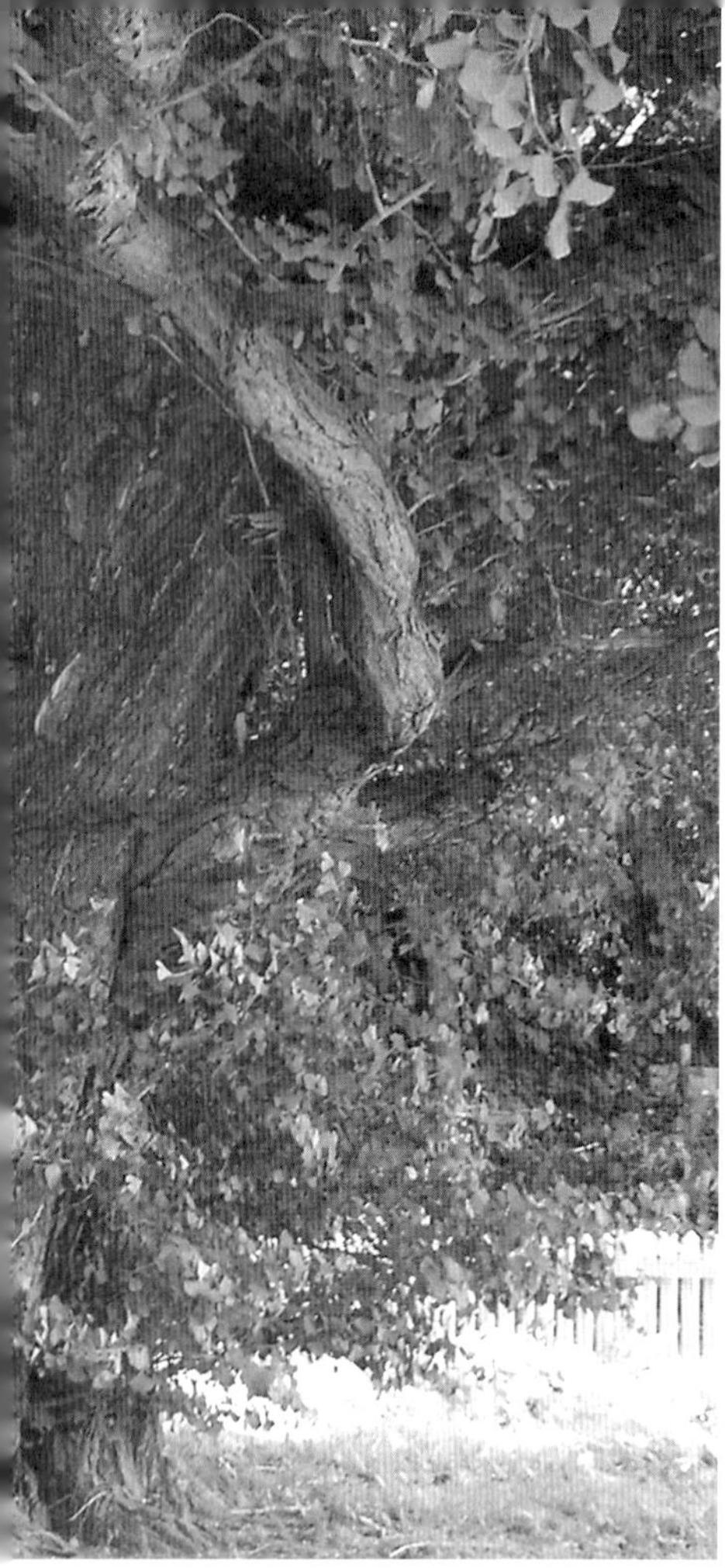

できた。一瞬気後れするものの落ち着いて見渡すと、年齢はまちまちだが服装は野良仕事のような格好をしている。イチョウのことはさておき、「これは何の集まりですか」と聞いた。「遺跡発掘の作業員です」との返答に、なるほどそういうことかと納得する。

近くで縄文時代の遺跡が見つかりその発掘作業中で、今は昼休み時間とのこと。そう言えば青森県は三内丸山遺跡をはじめ、亀ヶ岡遺跡など名だたる縄文遺跡が数多く発掘されている地であったことを思い出した。

二本の大イチョウのうち、目指すは北側のイチョウ。白ペンキ塗りの柵で囲まれたイチョウは、主幹をなす幹は枯れていたが全体的に樹勢は旺盛。たおやかな風にそよいだ緑がきらきらと眩しく光り、頬を撫でてゆく風は実に爽やか。母乳の不足が

北株＝樹高 18メートル、幹周 9.2メートル、南株＝樹高 28.4メートル、幹周 8メートル、推定樹齢 800 年

ちな婦人たちがこの木を削って家へ持ち帰り、細かく刻んでご飯に混ぜて食べると母乳が多く出るようになったという伝えがあることから、この大イチョウも昔から神木として崇敬され広く信仰を集めてきたことが分かる。

　東北各地をあちこち漂白し、民俗学の祖ともいわれ

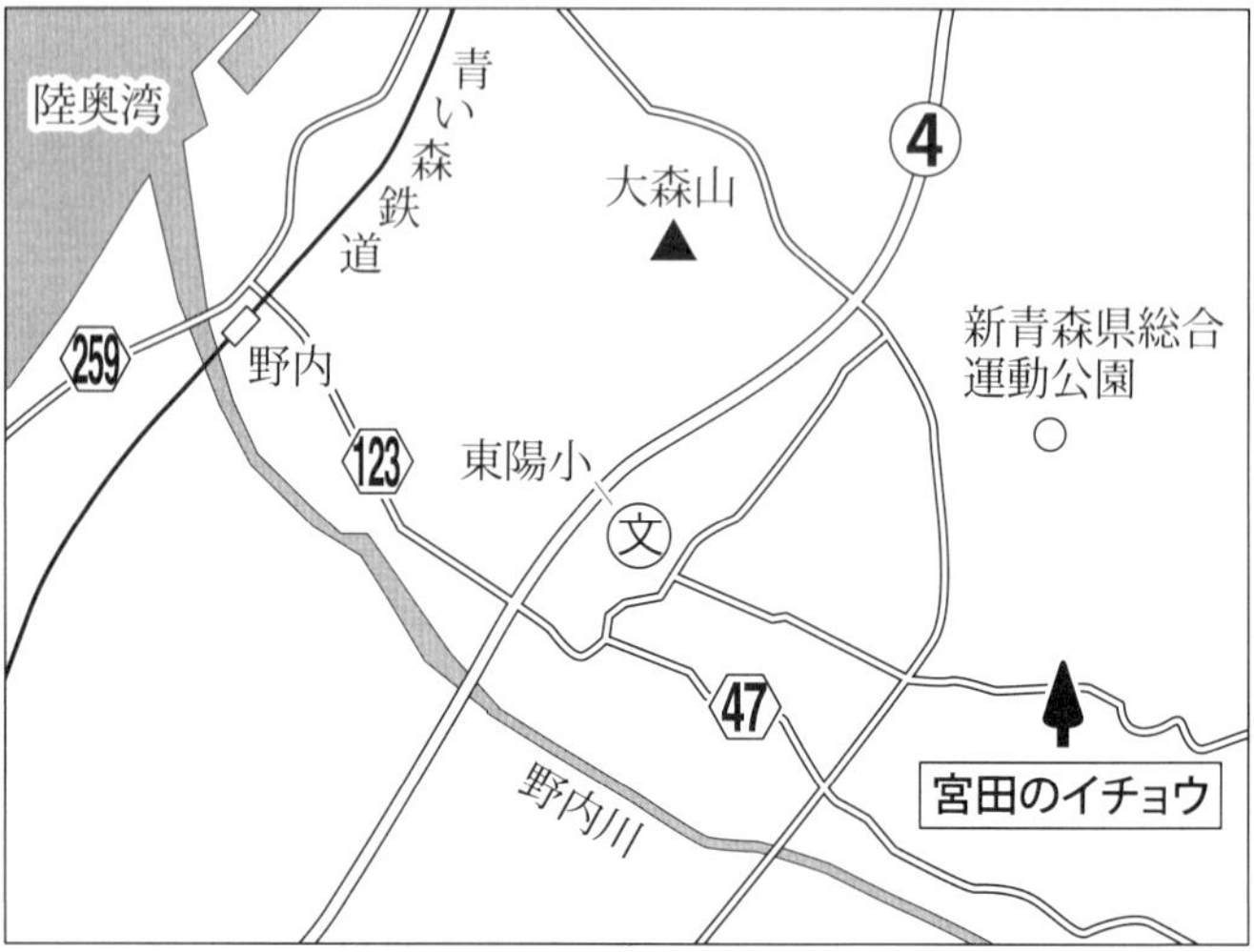

る菅江真澄が著した「すみかの山」の一七九六年(寛政八年)四月二十日の項に記述されている「銀杏」は、この木のこととされ古くから知られていた。もう一本は約百メートル離れた南方の場所にある。そこには「山寺跡地」の標柱があるよううに寺院跡のようだ。

北のイチョウの雌株と南の雄株の出会いにより結実する銀杏は食すると美味しいが、独特の異臭が難点である。他の動物からも毛嫌いされる異臭は、縄文人にはどうだったのであろうか。食糧として採集されていたとすれば、どのようなきっかけでその美味しさを知り、その調理法は……などと勝手な想像を膨らませている。

十二本ヤス

天を突き刺す姿に霊威

五所川原市金木町喜良市《きらいち》

山中にある樹木への道順を教わるのは結構大変だ。目印も標識もない山中となれば、教える方はもっと大変かもしれない。

十二本ヤスと呼ばれる大ヒノキアスナロ(別名ヒバ)と出逢うため、道々四人の人に尋ねたが、いずれもその場所は分かっているものの、やはり教えづらい場所のようで、そのもどかしさが痛いほど伝わってきた。それでも教えられた方向を頼りに何とか近くまで辿るが、一向に埒《らち》が明かなくなり今回は半ば諦めかけていた。

四人目に尋ねた方が以前行ったことがあったことと、仕事がプロパンガスの配達で市内の地図を持っていたことが幸いし、今度は明瞭に教えてもらい何とかたどり着くことができた。こんなときは本当に有難いと思うし、今まで何度このような親切に巡り合ったかしれない。これも巨樹が導いてくれているお陰かな——と思っている。

舗装がところどころで切れ砂利道の部分もある林道は、案内標識は全くなく、不安に駆られつつ走ること約十五分。奥まったところにようやく案内看板が現れたときは、正直ホッとした。その脇に「昨年、熊を目撃したという情報があります」という看板を見て一瞬ビクつくものの、「昨年とはいつのことだろう」と思いつつ、持参してきた「熊除け鈴」を念のため付けることにした。

階段状に整備された山道を歩くこと四〜五分。杉木立のぽっかり空いた空間に十二本ヤスは静かに立っていた。人の気配は全くなく、もちろん熊の気配もない。四年に一度の当たり年といわれる蝉のかまびすしい声だけが森中に響き渡り、それがかえって静けさを増してくる。

それにしても奇妙な樹相だ。幹周りはわずか六《メートル》足らずだが、地上三《メートル》余の幹の合体部分の幹周りは十《メートル》を超える。名称由来は、魚を突く道具のヤスに似ているところからだが、天に向かって突き刺さらんばかりの姿態を表現して、ま

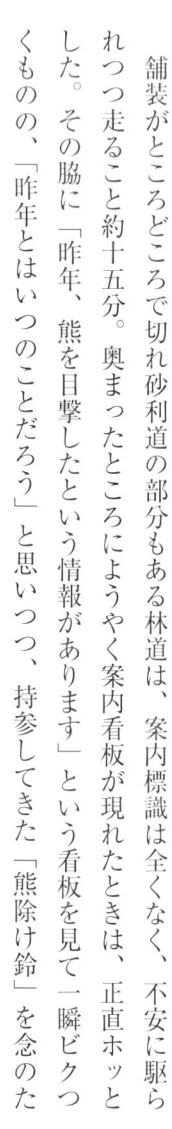

樹高 33.46メートル、幹周 7.23メートル、推定樹齢 800 年

さに言い得て妙だ。このような奇妙とも言える姿に人々が霊威を感じ、特別な感情を持ったとしてもおかしくなく、崇敬の対象として今日まで残されてきたのも分かるような気がする。根元の朽ちかけた小さな鳥居、その奥に八幡宮の札が横たわっているのを見て、信仰心が薄れていくことに、もの寂しくなった。

　ヤスの形をした枝は、新しい枝が出て十三本になると必ず一本枯れて、

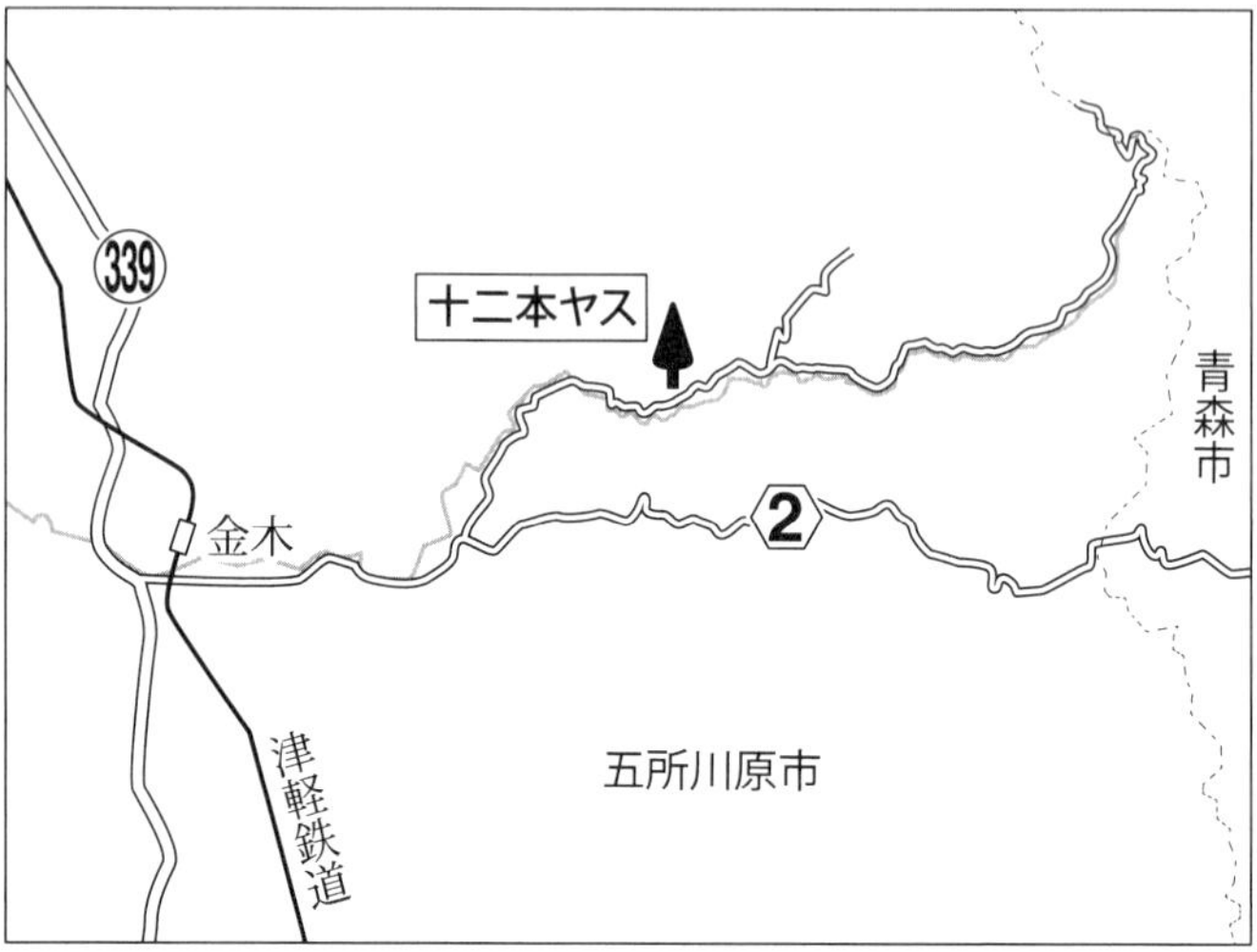

常に十二本のままだという。その後、十二という数字は十二月十二日の山の神祭日に通じる神聖な数となり、この木に山の神様が宿ったに違いないということで、鳥居を奉納し神木として崇めてきた。

昔、弥七郎という若者が山の魔物を退治したとき、その供養にと退治したときの切り株に一本のヒバ苗を植えたという。その木が十二本ヤスになったという伝えもある。

熊に遭遇しないで無事戻れたことは言うまでもない。

石動《いするぎ》の夫婦イチョウ（町指定天然記念物）

道を挟み雌雄瑞々しく

深浦町岩坂字石動

日本海は何度か目にしたことがあるが、車で海岸沿いを走るのは今回が初めて。鯵ヶ沢から八森までの海岸にへばり付くように走る国道101号は、アップダウンのあるカーブの連続。それが変化に富む海岸線の景観を生み出し、その景観を右手にしながらゆっくりと走ったため予定より大幅に時間が掛かってしまった。お陰で荒海という日本海のイメージとは違い、その日はまことに穏やかな日本海を堪能できた。

途中、「千畳敷海岸」に寄ってみた。洗濯板のような独特の海岸地形は古くからの観光名所。そこに明治・大正の文人大町桂月が立ち寄ったことを示す石碑があった。

「……幅の七八十間は海に突出したる方面の長さ也。長さの五六町は海に横はりて、陸に接する方面の長さ也。唯これ一個の盤石、数万人を立たしむるに足れり。二つ三つ幅一間ばかりの割れ目ありて深く入り、怒濤白竜となって躍り込む。……」

見学している途中、ちょうどJR五能線を走る列車が通過。景色を最大限に見渡せるように工夫した構造なのだろう、客車の窓が異常に大きい。それを見たとき、「日本海に沈みゆく夕日を列車から眺める旅も悪くないな」と脳裏を掠《かす》めた。

五能線の陸奥柳田駅近くから県道191号に入り走ること約五キロ、集落の行き止まりに着く。そこから先、どうしたものかと思案していると、集落最後の家からちょうど女性が出てきた。「そこの舗装された林道を一分も走ればイチョウに着きますよ」と教えられ、家の前でUターンして車の向きを変える。そのとき、玄関脇のホースから水が豊富に流れているのが目に留まった。

「湧き水ですか」

「そう、冷たくて美味しいよ」

気温は既に三〇度を越える。汗ばんだ顔を洗い、ごくごくと喉を唸《うな》らせて飲ませても

樹高31.6メートル、幹周11.2メートル、推定樹齢500年

らった。美味い。ペットボトルの水とは比べものにならない。第一、成分が違う。ペットボトルには含まれていない、「人の温もり」が含有されている。

生気を取り戻し教えられた林道を進むことおよそ一分。深々と繁った深緑のイチョウは、暑さをものともせず瑞々しい姿

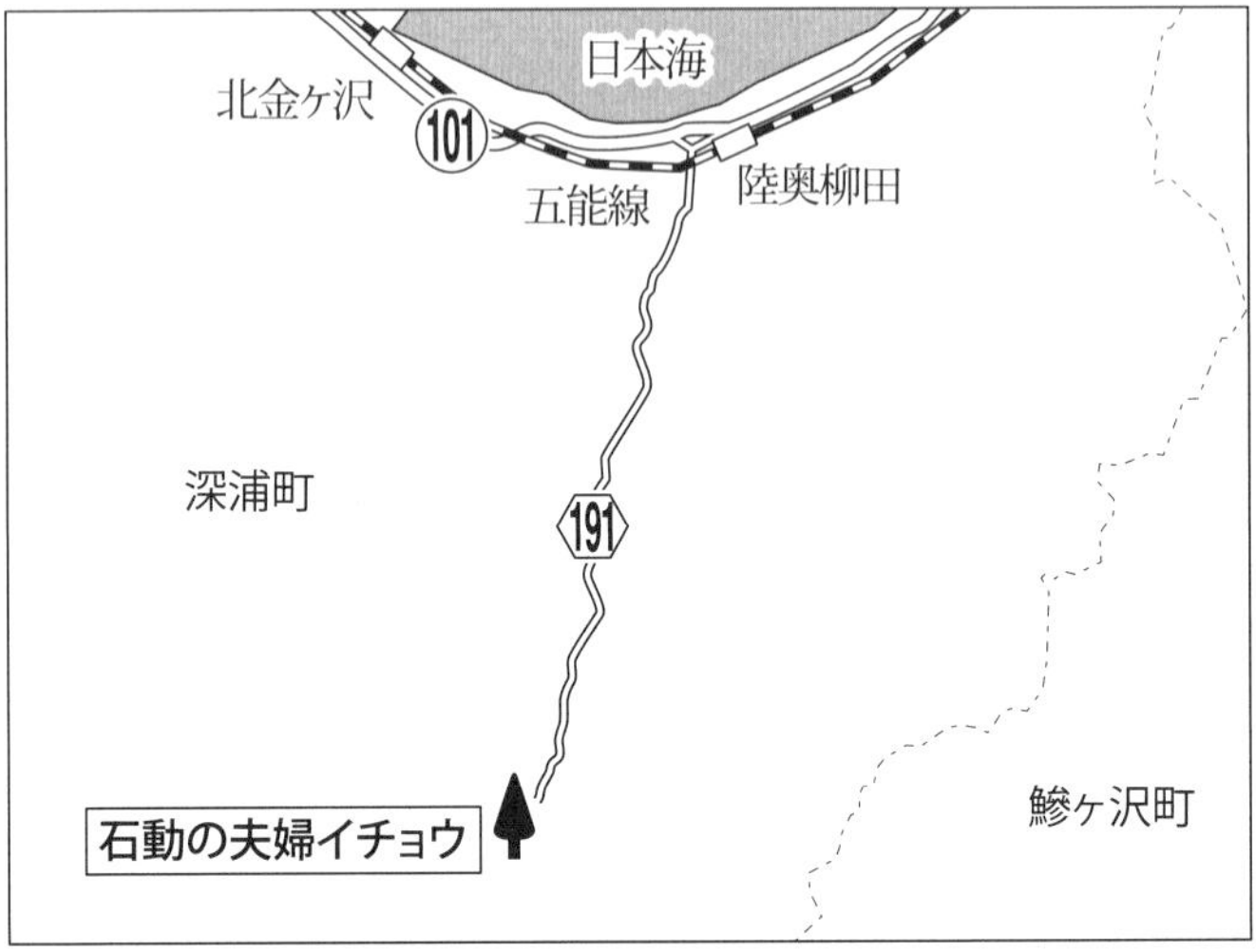

をして道を挟み左右に立っていた。左右ともほぼ同じ大きさで左側が雌株、右側が雄株。雌株の背丈ぐらいの高さに穴が開き、雄株には焦げた痕が空洞になって残っている。

「昔、三人の杣夫《そまふ》が、マサカリでイチョウに穴を開け蜂蜜を採ったと謂われる。川側のイチョウの幹にはマサカリで開けたと思われる穴があり、山側のイチョウの幹には雷が落ちて燃えた痕が黒く焦げて空洞となっている。昔から神木として信仰されてきた」と、案内板にはあった。

陽が傾き谷間から射す陽光を浴びて寄り添う二本のイチョウは、瑞々しさに加え、精気も溢れんばかりであった。

北金ヶ沢のイチョウ（国指定天然記念物）

まるで樹林 巨大な一木

深浦町北金ヶ沢字塩見形三五六

一目見てこの木が一本の木から成り立っていると思う人はまずいないだろう。樹林という言葉がぴったりするほど巨大な一木だ。

貧弱なカメラワークでは到底、この木の全容を捉えきれない。おまけにデジカメときている。距離を置いて撮影すれば可能だが、それではこの木の迫力と魅力は全く伝えることはできない。写真家と称する多くの人によって、今まで何度も撮影され、その都度世間に紹介されてきた有名過ぎるほどのイチョウ。「ド素人の写真」でいいかと自分に納得させ、巨大さに圧倒されつつもイチョウに近付いてみた。

深緑に繁茂した葉がまるで屋根のように覆い、晴天の日中というのに根元は何とも薄暗い。根元を撮影しようと思ったのに雄大な枝振りが邪魔をする。「お前ごときに撮影されてたまるか」といった無言の圧力に撥ね付けられているかのようだ。案の定、後日撮った写真を見ると、情けない写真になっていた。そう簡単に来られる場所ではないと思うと、貧弱な撮影技術が悔やまれる。

無数に垂れ下がる大小の気根。その気根の一部が地面にまで食い込み、さらにそこから蘖《ひこばえ》が芽生えている。地面に接した一部の枝が、まるで地面から湧き出しているような錯覚さえ覚える。何という生命力だろう。

根元をゆっくりひと回りしてみる。周囲にエネルギーがほとばしり、今はやりのパワースポットの条件は十分に満たしている。

小さい子どもなら隠れてしまいそうな空洞が幹のあちこちにあり、かつては近所の子どもたちの格好の隠れ場所にもなっていたのではなかろうか――と想像も

樹高31メートル、幹周22メートル、推定樹齢1000年

膨らむ。イチョウ周囲の地面は、積もり積もった葉で絨毯のようになりふかふかして柔らかく、素足になって歩くと足下がとても心地良い。

イチョウから約五十メートル西方にＪＲ五能線が走る。その先には日本海。そして東方には岩木山（標高一、六二五メートル）。ときには乗客の目を愉しま

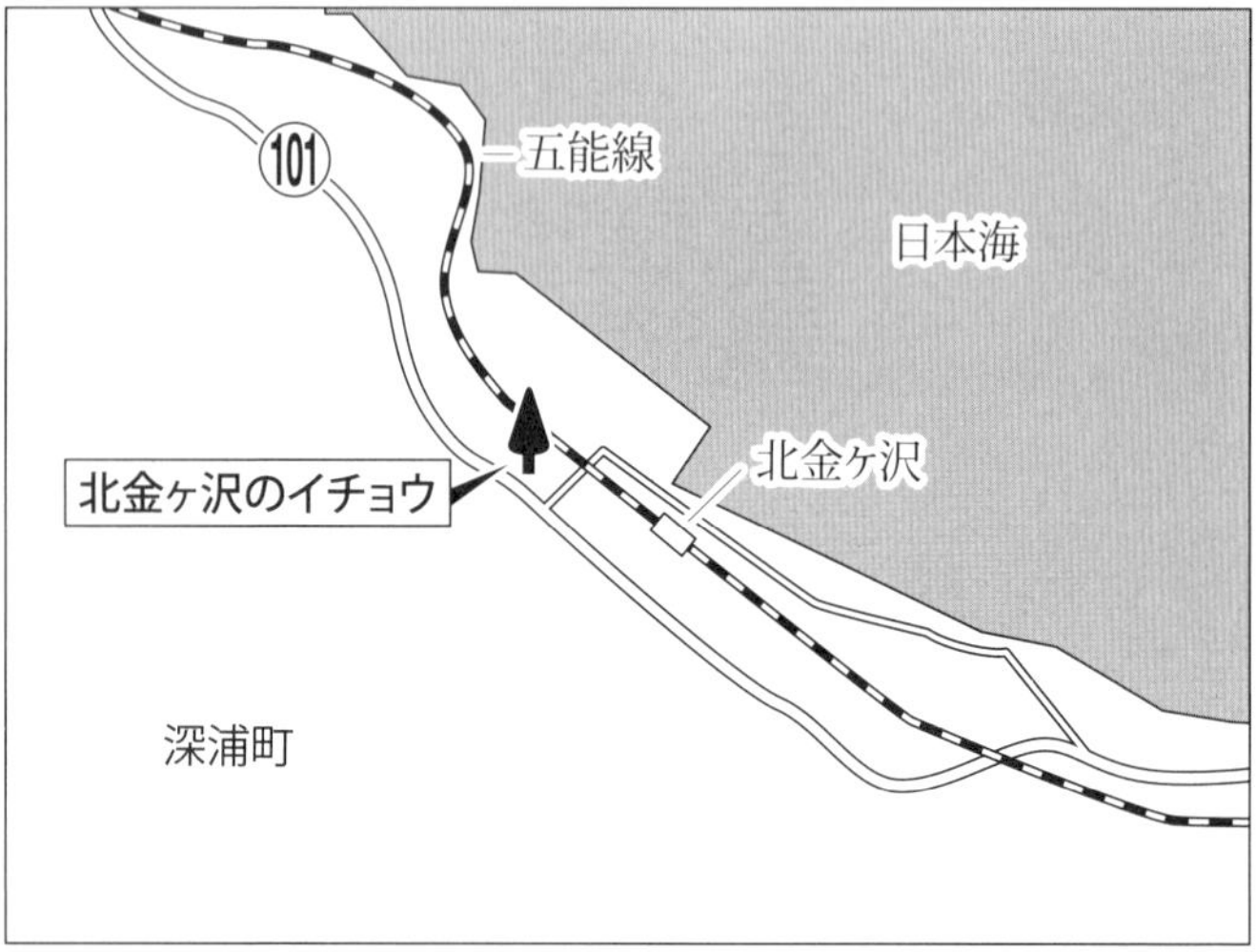

せ、ときには漁師たちの羅針盤となり、多くの人々に感動を与えるとともに、地域のシンボルとして崇敬されてきた大イチョウ。垂れ下がっているたくさんの気根から「垂乳根《たらちね》のイチョウ」とも呼ばれ、母乳不足で困っている女性に乳を授けるありがたい樹として、古くより神木として崇拝信仰されてもきた。

この地には、元亨年間（一三二一～二四年）から応永年間（一三九四～一四二九年）に栄えた金井安倍氏の菩提寺の別院が建立されていたと伝えられ、また伝説では、古代の武将阿倍比羅夫が建立した神社の跡地で、そのときこのイチョウが植えられたとの伝えもある。次は黄金色の艶やかな姿に身を纏うとき、ゆっくり逢いに来てみたい。

岩手県

白山杉（市指定天然記念物）
「かさっこ」の神様宿る

花巻市大迫町内川目

岩手県のほぼ中央に位置し北上高地の真っ只中にある大迫町は、平成の合併により現在は花巻市になった。旧大迫町の北東部には、量・種類ともに国内有数の高山植物の宝庫として知られる北上高地の最高峰・早池峰山《はやちね》（標高一、九一七メートル）が聳える。高山植物には固有の珍しい品種が多く、植物分布上の「国宝」と言われ、群生地帯は国の特別天然記念物に指定される。また、昔から山岳信仰が盛んなところで山頂には早池峰神社が祀られ、その麓の集落には勇壮に踊る早池峰神楽が今に伝わる。

旧大迫町内を過ぎ、早池峰山麓の内川目集落に着いたのは小雨の降る晩秋。少し肌寒く、そこはもはや冬の気配が忍び寄っていた。山あいに点在する煙雨に包まれた集落は、古くからの修験の地にふさわしくどことなく霊威が漂っている気配がした。

集落を見下ろすように山際に立つ白山杉は、林のごとくこんもりと茂っていて、それが一

本の木であるとようやく気付かされたのは、緩やかな斜面を中ほどまで上ったときだった。

　四方八方に垂れ下がる枝々で幹はほとんど覆われ、その中に一ヵ所ぽっかり開いたところがあった。それはまるで根元への入り口のようで、誘われるまま腰をかがめて足を踏み入れ根元に近付くと目の前に太い幹がぬっと現れ、そこで初めて一本の幹であることが確認できる。

　この杉には「かさっこの神様」が宿るという伝説があり、かさっこ（疱瘡）ができたときには、ゆりかごをつくって奉納すると治ると言われていた。また、殿様と醜いお姫様にまつわる悲しい伝説なども伝わる地域のシンボル的な名木として親しまれてきた。

　白山杉の左手下方に株立ちのカツラが立っている。樹高二十五メートル、幹周十二・八メートル、推定樹

幹周 11.5メートル、樹高 50メートル、推定樹齢 900 年

齢三百年。「山祇桂《やまずみ》」と呼ばれ、一九九九年九月二十七日に町の天然記念物（現在は市指定）に指定される。カツラ脇の小祠にはもちろん山の神が祀られている。

これから訪れる厳しい冬に備えすっかり落葉したカツラは、外見はちょっぴり寂しくもあったが、やがて訪れる春の芽吹きに備えて充電する期間は樹木には不可欠なのだから、この姿も致し方ない。

早池峰の麓の里山に上と下に静かに鎮座する巨樹の杉とカツラ。お互い歩くこともままならず、立つ位置も距離も幾百年と変わることなくそこにどっかり座してきた。人間同士なら大きな声を出せば聞こえる距離。「近頃の人間どもは、さっぱり山の手入れをせん。わしらの仲間の周りは荒れ放題だ。これでは長生きは無理というものじゃ。そう思わないか、カツラどん」。耳を澄ますとそんな会話が聞こえてきそうだ。

桂藤（村指定天然記念物）

桂と藤が地中で攻防？

九戸村荒谷

あたかも一本の巨樹の様相を呈してはいるが、桂藤は一木《いちぼく》ではない。カツラ、フジ、さらにそこにニシキギ科の常緑低木である柾木《まさき》と呼ばれる木が複雑に絡み合っている。桂藤という変わった名前もここから名付けられた。

それにしても奇妙な構図だ。東北一円、いや全国的に見ても珍しい樹姿ではないか。何度も周回して目を凝らして眺めるが、飽きることはない。

絡み合っている姿は、一見すると仲むつまじく見える。ところがそれとは裏腹にどちらが生き残れるか四六時中攻防を繰り返している姿に他ならない。地上に出ている幹の部分だけでなく、目に見えない地下でも熾烈なせめぎ合いをしていると、専門家は言う。

樹木や草木は地下にある根の部分が人間でいう頭脳に当たると、辻まことが何かに書いていた次のような文章を読んだことがある。

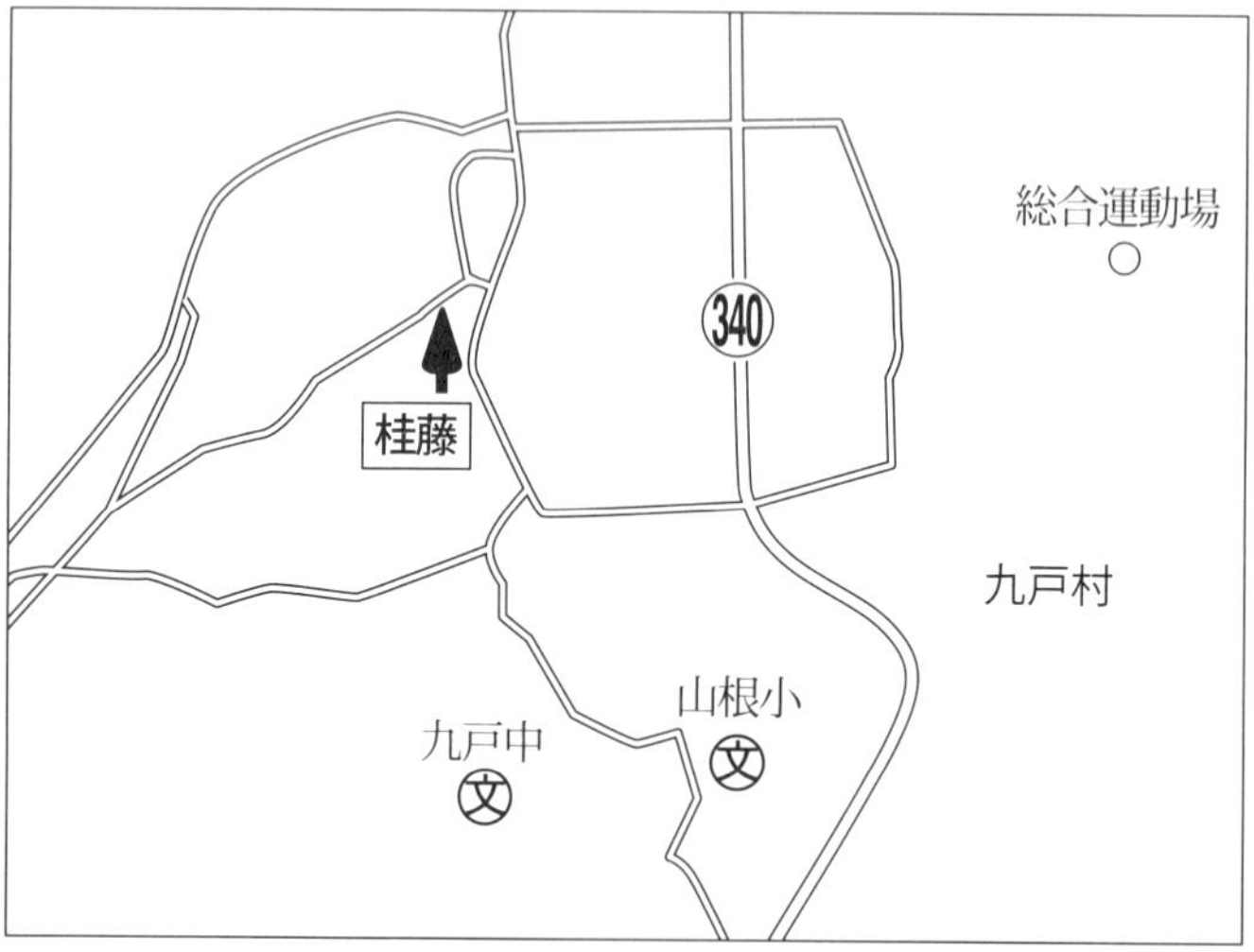

「樹木は頭脳と口――つまり栄養の摂取器官――とが密着している生物だ。彼らは人間や他の動物たちのようにこの地球に姿勢していない。植物は人間からみれば、逆立ちして生きている生き物である。頭を真っ暗な地下に埋め、根とよばれる口をのばして、となり合う他の樹木たちとの根と陰険に栄養を争っている。あられもなく肢体を空中にさらけ出し、その多くは夏に厚い衣装をかさね、冬はすっぱだかというありさま。花という生殖器官がいつも風や虫や鳥たちの暴行をさそっている。彼らはただ待っている。季節の循環を。みだらに花をひろげて生と死を、ただ待っている」

なるほどこんな見方、考え方もあったのかと、改めて感心させられる。

太いくねくねしたフジは、赤い屋根の小祠の

樹高 41メートル、幹周 10メートル、枝張り＝東西 27メートル、南北 23メートル、推定樹齢 300 年

真後ろからカツラに絡み付くように伸び上がり、太いカツラの主幹は、フジの強力な締め付けによるのだろうか、中ほどから枯れほとんど空洞状態。直径約三十チセンと十チセンほどの洞《うろ》のある幹は、小動物の塒《ねぐら》には程よい大きさだ。

樹木にとって最大の敵は、木に巻き付きながら生長する蔓《つる》とされる。敵とされる理由の一つは、巻き付かれた木は窒息状態となり、生長が妨げられるところにある。カツラに蔓がしっかりと食い込む有様は、見ようによってはかなり苦しそうだ。もう一つは、蔓の葉により幹が覆われ陽光が遮《さえぎ》られてしまうこと。光合成ができなくなり、これも樹木にとっては命取りとなる。

そんな大敵とも言えるフジ蔓の攻撃によくぞ耐えて、カツラはこれまでに生長してきた。これからもせめぎ合いは続くのであろうが、カツラには抵抗も、攻撃をする術もなく、ただじっと耐えるしかない。それはカツラにとっては辛い日々かもしれないが、負けるわけにはいかない。フジにとってもそれは同じだ。

古屋敷の千本カツラ（町指定天然記念物）

浮き出た根は渓流の滝

軽米町大字晴山二六ノ七七ノ四

地表に浮き出た根は、まるで渓流の小滝のようにも見え、なだらかな山脈をもイメージさせる。今にものそりと動き出しそうな気配を秘めた根っこには、とにかく驚かされる。これだけ根が地表に剥き出している肢体も珍しく、スラリと株立ちして広壮に伸びる幹よりも、どうしても根元に目が惹き付けられてしまうのは致し方ないほど異相な根っこだ。

根元には容易に近付けるが、露出した根を目の当たりにすると、その下に無数に張り出している根を踏み付けやしないかと心配になる。だから幹に近付くのはほどほどにして遠くから眺めることにした。根が傷まないよう周囲に柵を設置しているところもあるが、ほとんどの巨樹は無防備のまま。巨樹の姿を見て近付きそして手で触れたくなる気持ちも分からないでもない。

しかし、それが一人だけではなく大勢の人に根元を踏み付けられたらどうなるであろう。

巨樹は動くことも、声を発することもできず、ただじっとそこに立ち尽くしその傷みに耐えるしかなく、やがて呼吸困難となり枯れ死してしまい兼ねない。樹木の声なき声に耳を傾け、遠目からそっと出逢いを愉しんでほしい、と思う。

早春のカツラは、新芽がちらほら芽吹き始めたばかり。生あるもの全てが萌えいずる季節は、実にいいものだ。大気中に充満したエネルギーや精気が身体中に染み入り、気力も漲《みなぎ》ってくる。何らかの理由で枯れ死したためであろうが、一番太い幹と一本の支幹は途中から切断されている。それでも枝の張り具合、幹全体の様子を見ると樹勢があり、衰えは全く感じさせない。

カツラの樹種では県内第一位とされるこのカツラに次のような伝えがある。

昔、水飲みにこの場所に立ち寄った牛方が、杖を突

樹高25メートル、幹周15.3メートル、推定樹齢580年

き立てたまま忘れていったものが、やがて根を張り大木になったのだ、と。

根元の「荒神大神」と書かれた高さ五十センチほどの石柱は、巨樹への素直な信仰心の現れから立てられたものなのか、はたまたその昔、悪さをする荒ぶる神を捻じ伏せカツラの根に封じ込めたなど

の伝えによるのかは、分からない。でもそんな伝説の一つや二つあってもよさそうな雰囲気を持っていることは確かなのだ。

新しい息吹を感じ始めた根元の蘖《ひこばえ》が、したたるような新緑に包まれる日もそう遠くはない。その姿は一段と神々しく映り、多くの人々を魅了して止まないだろう。それにしても根っこはすごい。

長泉寺の大イチョウ（国指定天然記念物）

千手観音思わす枝振り

久慈市門前一ノ一一

「銀杏山」の山号を持つ長泉寺は曹洞宗の禅寺であり、山門には朱色の仁王像を両脇に安置し、「興道禅苑」の額を掲げる。山門左手に屹立する雄株の大イチョウは、一九三一年二月二十日に国の天然記念物に指定されたとあるから、一九一九年公布の「史蹟名勝天然記念物保存法」によって指定されたのであろうか。その後、保存法は一九五〇年に制定された「文化財保護法」に引き継がれるが、この大イチョウが国指定天然記念物となったのは早い方であろう。

青森などで収穫前のリンゴが大量落果した一九九五年の台風19号、いわゆる「リンゴ台風」により、このイチョウも主幹の一部を失って樹高は低くなったが、そんな災難など微塵も感じさせないほど樹勢はいたって旺盛で、根元からは蘖《ひこばえ》がびっしりと張り出している。その樹形の枝振りが何となく千手観音の千手を想起させ、イチョウ前に立つとあまねく救いの

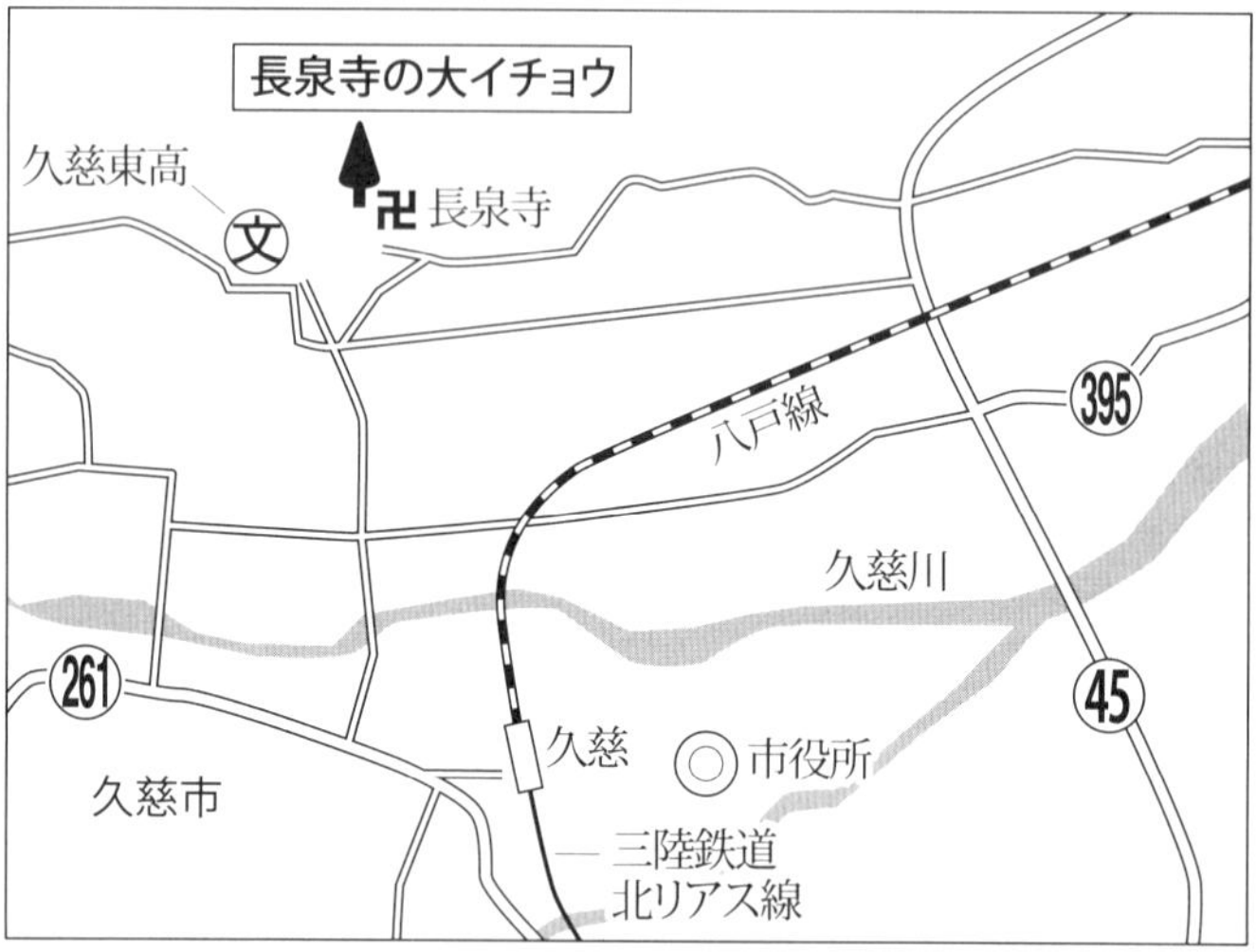

手を差し伸べてくれそうな気がしてくる。樹下に建つ小さな造りのしっかりしたお堂は、一対の狐の石像を考えると、稲荷社であろう。

大イチョウにまつわる次のような話がある。

長泉寺が長久寺と称していた頃の二世住職のとき、和尚の夢にある夜、異装の霊が現れ、和尚に「余はイチョウの精霊だ。この老樹が伐られることがないよう願っている。和尚は樹を永遠に守ってほしい」と語った。それを聞いた和尚は、精霊に問い掛けようとしたが、たちまちにして精霊は消えてしまい、それ以来和尚はその樹の所在を探し始めた。

ある日托鉢して小径《こみち》を歩いていたところ怪しげな鳥が大樹の梢に止まり異様な声で鳴いた。和尚は怪訝《けげん》に思い樹の下に立ち止まったが、鳴き声はすれどその姿は見えない。樹の下に座り

樹高 30メートル、幹周 14.5メートル、推定樹齢 1100 年

じっとしていると夢に現れた樹の精霊のお告げを思い出し、この樹こそあの精霊の宿る大イチョウであることに気付いた。精霊のお告げの通り寺を現在の場所に移し、山号を銀杏山と称し、寺号にはその山に泉があることから長久寺を長泉寺と改めたという。大イチョウの枝には棒状に垂れ下がった瘤《こぶ》がたくさんあり、それを削って煎じて飲むと妊産婦の乳の出が良くなる――としてよく削られたともいう。

新緑、深緑、そして黄金色にと季節が移ろうごと人々に安らぎを与えてくれる存在感ある大イチョウは、街のシンボルとして親しまれている。

端神《はしかみ》の大カツラ（市指定天然記念物）

めんこい集落を見守る

久慈市山根町字端神

県道7号へ至る道がちょっと複雑になっていたので、久慈駅前交番に立ち寄り若いお巡りさんに住宅図をもとに説明してもらった。お陰でスムーズに県道へ入ることができた。県道7号を西へ向かって走ることおよそ一時間。途中から新山根温泉方面の道路に入ってしばらく走ると左側に宿の真新しい建物が現れる。ひと休みしたい気持ちを振り切り、先を急いで温泉を通過。そこから渓谷沿いの狭い道を五キロほど走ると小さな野外活動場に出た。カツラはどこかと周囲を見渡すと野外活動場右側の、やがて久慈川へと繋がる清冽な渓流側に凜として立っていた。

民家は点在するものの人の気配はなく、渓流の高らかに響く音だけが身体に突き刺さらんばかりに染み入ってくる。カツラ周囲に咲くカタクリの花。その可憐さが北上高地に遅い春の訪れを告げる。

カツラ根元に祀られる小祠。小さな木造鳥居は、小祠のためのものか、カツラのためのものか。多分両方のためのものであろうが、朱色をわずかに残した素朴な造りは、この場の雰囲気にとても似つかわしい。

時期外れの野外施設は当然のごとくひっそりとしている。それがいかにも寂しさを募らせるが繁忙期には、この静けさは嘘のように賑々しくなるのであろうか。

施設内に「別嬪村《べっぴん》」という看板があった。由来にはこうある。

「ここ端神集落は、伝統の暮らしの文化や自然景観などまるごと昔郷の保全伝承を願い、住民力を合わせ一九八九年から水車まつりを開催しております。行事も軌道に乗りかけた九一年七月三十日、文化勲章受賞者の森繁久彌先生が桂の水車を訪

樹高22メートル、幹周15.58メートル、推定樹齢300年

れ、婦人方の田舎料理のもてなしにいたく感激され、やおら『別嬪村』と命名されました。わたしたちはこの名誉ある揮毫を末永く守り、さらなる山根六郷の発展と源流の保存伝承を祈念し、ここに別嬪村の旗揚げをします」

「別嬪村村民憲章」が続く。

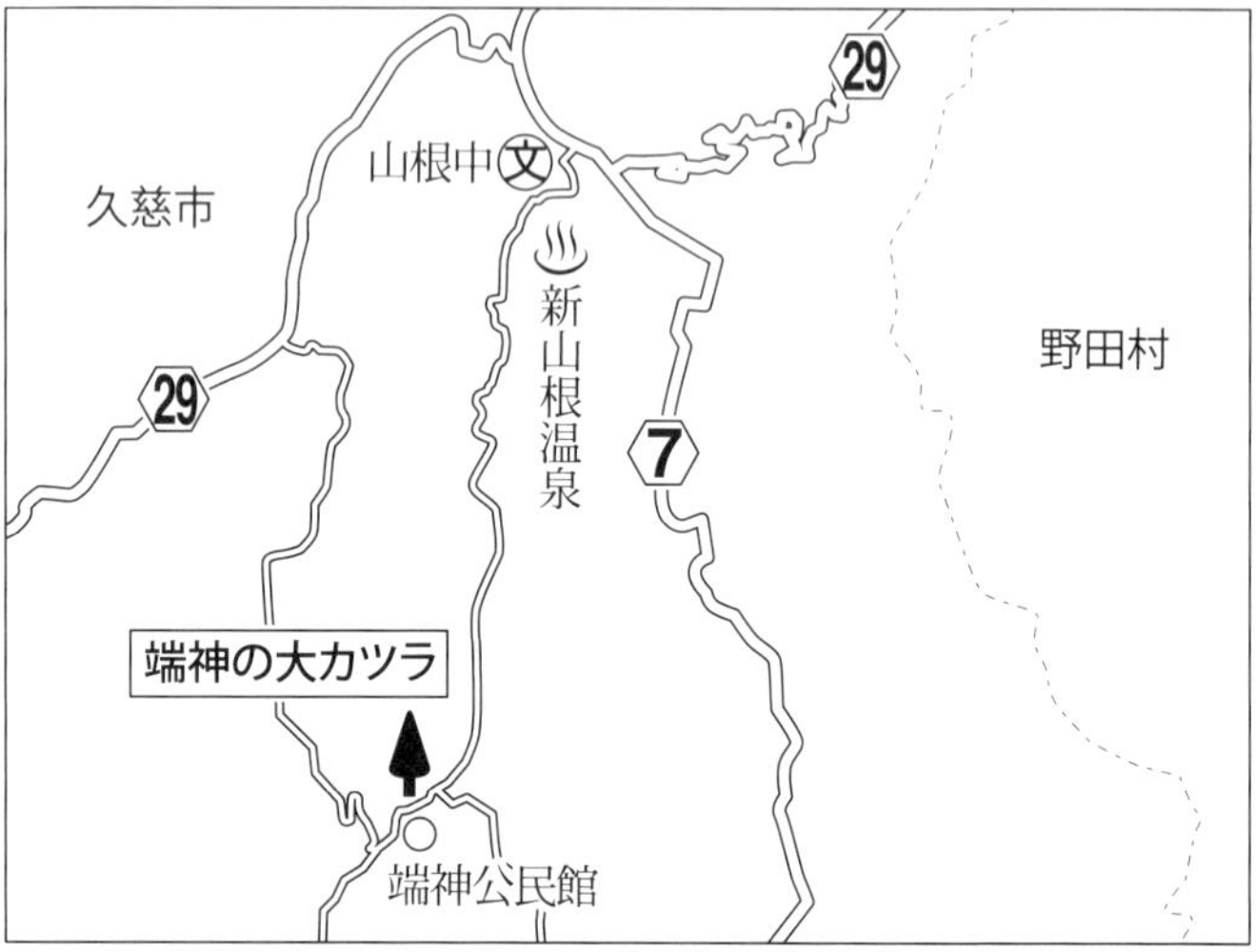

一、郷土を愛し、清らかな源流を守ります。
一、昔郷を誇り、伝来の技と心を伝承します。
一、夢を語り、村の自立と交流に努めます。
一、皆助け合い、めんこい村をつくります。

一九九七年五月三日制定

施設一角にある水車には水量豊富な水が流れ込んでいたものの水車自体はあいにく止まっていた。この施設の活動が開始されると、人の心をゆるゆるとさせるのどかな音を奏でながら、水車も動き始めることであろう。「水車のカツラ」の別名を持つ端神の大カツラ。清らかな流れのそばに立ちながら、多くの人々との出逢いを今や遅しと待ちわびている。

帰路はもちろん新山根温泉に立ち寄った。

三陸大王杉（市指定天然記念物）

幹広げ斜面で踏ん張る

大船渡市三陸町越喜来字杉下四九

今から四十年ほど前、三陸町を訪れたことがある。大学時代、とある研究会に所属しその調査のため二度にわたって三陸町で合宿をした。都合十日ほど滞在しただろうか、五十余名の部員が格安で泊まる場所や寝具、弁当、町内の地図などいろいろと役場に手配してもらった。突然訪問したにもかかわらず、聞き取り調査に快く応対していただいた町の人たちには特に感謝している。そのとき、大杉があるなどとは、もちろん知る由もなかった。その当時のことをつい昨日のことのように思い出しながら、三陸町を再び訪ね歩いた。

大杉のあるところの地名は「杉下」。以前は枝がとても張り出し、この周辺を覆うような樹形であったことから名付けられたと言われるほど樹勢は旺盛だったという。ところが、度重なる落雷や永年の風雨などの影響を受けて腐朽が進行し、衰えが目立ち始めたことから、一九九〇年に「老杉を守る会」が結成され、広く保存運動が展開されるようになった。その後、日本樹木保護協会の代表樹医である山野忠彦氏に依頼し、大規模な蘇生治療が行われ現在の容貌になった。残念なことに、あまりの蘇生治療のため本来の姿が失われてしまった感は否めない。

当時、山野氏は屋久島の杉と比較し、樹齢七千年以上の貴重な杉であると述べ「三陸大王杉」と命名された。しかし、今まで数多くの大杉を見てきた経験上、どう見てもそれほどの樹齢があるとは思えない。所詮、正確な樹齢など誰にも分からないというのが、本当のところではなかろうか。

大杉の立つ丘陵上の八幡神社一帯はツバキの群生地。足の踏み場もないほどおびただしい数のツバキの花が参道を埋め尽くして風趣をなし、ツバキの梢を通して望める穏やかな三陸湾(越喜来湾)は、四十年前と変わらずキラキラ光っていた。

丘陵地は本丸城跡(別称本丸館・八幡館)。築城時期は建武年間(一三三四〜三六年)以前とされ、城主は多田左近将監ら。麓から最上部までの

樹高23メートル、幹周13.75メートル、樹齢不明

高さは約三十五メートル。主郭の広さは東西二十五メートル、南北五十メートルの楕円形をなし、土壇が数段ずつつくられ、最初の土壇の東側および南側は広く主郭の二倍以上の広さがある。

　そんな斜面に踏ん張るようにして立つ大杉は、地形のせいなのだろうか、杉特有の直立した姿ではなく、太い幹が四方に広がり、八幡神社の守護神よろしく荒々しく伸びている。右側の一番太い幹の上方は手当てさ

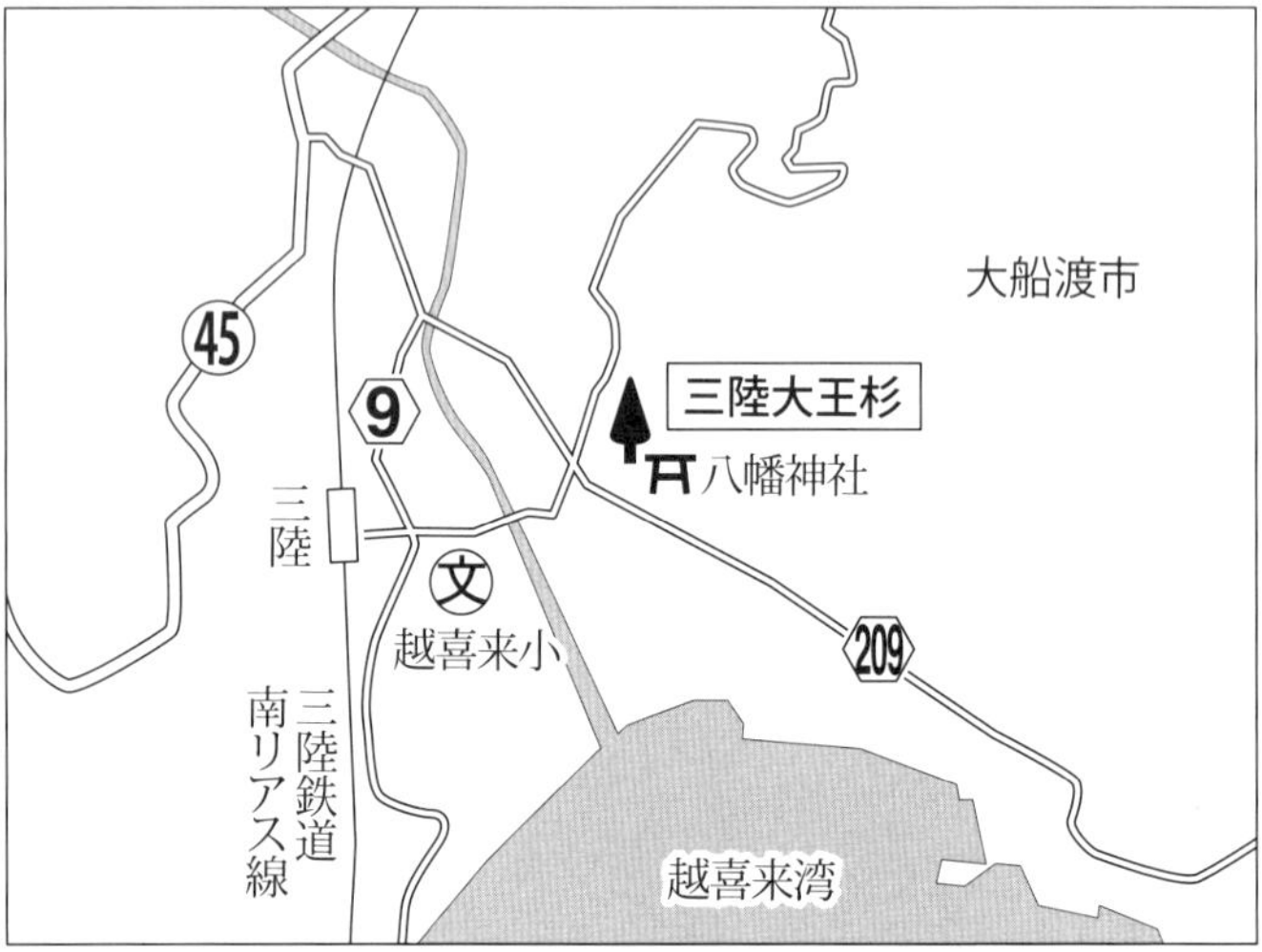

れ、樹下にまるでカルテのように「蘇生外科治療　治療番号第一〇六六号」と書かれた標識がある。

石段に腰掛け昼食を食べていると遠くの方から電車の音が聞こえてきた。一両編成の電車がゆっくり走って行く。第三セクターの三陸鉄道だ。遠くからウミネコの声が聞こえてくる。たおやかなときが流れ、四十年前が鮮やかに蘇ってくる。

わたし自身被災者の身の上だが、今回の大津波により三陸町も甚大な被害を受けたことに呆然としている。今はただ遠くから一日も早い復興を願うばかりである。

志和稲荷《しわいなり》の大杉（町指定天然記念物）

歴史ある神社とともに

紫波町升沢字前平一七

県としては日本一広い面積を持つ岩手県。その中部に位置する紫波町西方にある志和稲荷神社は、東北でも歴史ある古社である。毎回のことながら巨樹の場所を探すのにはひと苦労する。今回は神社境内にあるため比較的容易にたどり着けたように、目的地が明確な場合は、正直言って助かる。でも探しあぐねてようやく出逢ったときは、それはそれで感激も一入《ひとしお》というもの。

走行中、神社の案内標識を見つけたが、同じような看板が二つ出てきた。一つは「志和稲荷神社」、もう一つは「志和古稲荷神社」とある。似たような名称に加え、どちらも大きな案内標識。一瞬迷ったものの「志和稲荷神社」の道へ進むことにした。結果的には正解で、奥州総鎮護と称されるだけあって立派な社殿を構えていた。

神社の由緒は、一〇五七年（天喜五年）、源頼義・義家が安倍氏一族の征討のため下向し、

志和陣ヶ岡に滞在中、祈願のために勧請したことに起源を持つ。その後、藤原秀衡管領のとき志和城主である藤原氏の一族樋爪俊衡・秀衡によって再建。正平年間(一三四六〜七〇年)には、足利氏の一族斯波家長が志和城主のとき、社殿を新築。それ以来、斯波氏累代の崇敬が厚く、七代千直の代にまた再建。一五八八年(天正十六年)には、斯波氏に代わって南部氏の領となるに及び、南部氏代々の祈願所として歳々直拝され、社領奉納普請などが重ねられる。また盛岡から五里の間、「志和稲荷街道」の参道も開かれた。一九一八年には県社の社格に列せられている。

社務所に詰めていた若い神職さんに教えられた通り、緑なす社地奥の稲荷神社を目指すと二十一本の赤鳥居奥に稲荷小社が鎮座し、その真

樹高 45メートル、幹周 14メートル、推定樹齢 1000 年

後ろに御神木よろしく屹然として大杉は聳えていた。高さ三メートル余のところの洞《うろ》は、ムササビの住処には打って付けの空間と環境に思えたが、果たして住人はいることやら。裏山一帯に幾本かの大杉が点在していることからしても、この神社の古さが偲ばれる。

境内には、滝名川の水をめぐって稲荷前で水喧嘩がたびたび起こり、農民同士が我田引水の血を流す騒動があったとの記録や、そのとき被害に遭ったと伝えられる「耳欠け石造狐」、また南部藩主が稲荷街道を通り参拝のとき、篭を置いたとされる一枚岩の「篭置き石」などがある。静謐な境内に立つ大杉は、多分、幾多の血なまぐさい攻防をも見てきたことであろう。

秋田県

出川《いでがわ》のケヤキ（市指定天然記念物）

同じ根から5本の大木

大館市出川字上沢岱四六ノ一

県道52号の赤石交差点から比内町方面へ六〜七分も行った道路沿いに、ケヤキは異様な姿で立っていた。主幹となるゴツゴツした太い幹の下部は洞穴のように空洞化し、その中を鉄柱が一本貫いている。鉄柱は幹を覆う屋根の支柱の役割になりそれが何とも奇妙に映る。同じ根から生じた五本の大木のケヤキはすくすくと立ち上がり、また地を這うように横に伸びる太い根株の先端からさらにケヤキが直立している。そんな不自然な姿態が異相の樹形にさらに拍車を掛ける。

ほとんど空洞化した主幹内部の底部の広さは、畳八畳ほどもあり雨宿りができそうだ。だが薄暗い内部の奥の方には得体が知れないものが棲んでいそうで何とも薄気味悪い。しかし、それは畏怖されることはあっても、恐ろしいものではなく、むしろ神聖なものとして存在しているのではないか。その証拠にちょうど軽トラックでやってきた地元の人がケヤキ前に立ったと思ったら、ごく自然な姿で参拝し始めた。崇敬の対象として今も地域の信仰を集めていることを目の当たりにして、ここにも「木霊」は宿っている、と思った。

ケヤキ裏側の約二十平方メートルの空き地は、「ケヤキの丘」と名が付く地域憩いの場。広壮に枝分かれした樹勢旺盛な幹が木陰をなすお陰で、丘全体に爽やかな風が吹き寄せてくる。

このケヤキを植えたのは小松源七なる人物。大正時代の初め、所有者佐藤東吉が「若木山大権現」という神の名をいただいて以来、集落の守護木として毎年旧暦四月八日に祭礼が行われるようになった。樹肌に無数発育しているコブは、乳の形をしていることから「乳母のケヤキ」とも言われ、乳が出ない産婦がこのコブをさすって願をかけると乳が出るようになるという伝えがある。根元に祀られる女性の乳房のような痕跡を示す

樹高25メートル、幹周17.1メートル、推定樹齢1000年

石造小祠は、伝説と何か関わりがありそうだ。近年は、乳がんの予防を祈願する「霊木」として人々から広く信仰されているともいう。

菅江真澄の一八〇三年（享和三年）の歌を紹介する標柱が丘の隅に立っていた。

夏草をわけいで
河に日はくれぬ

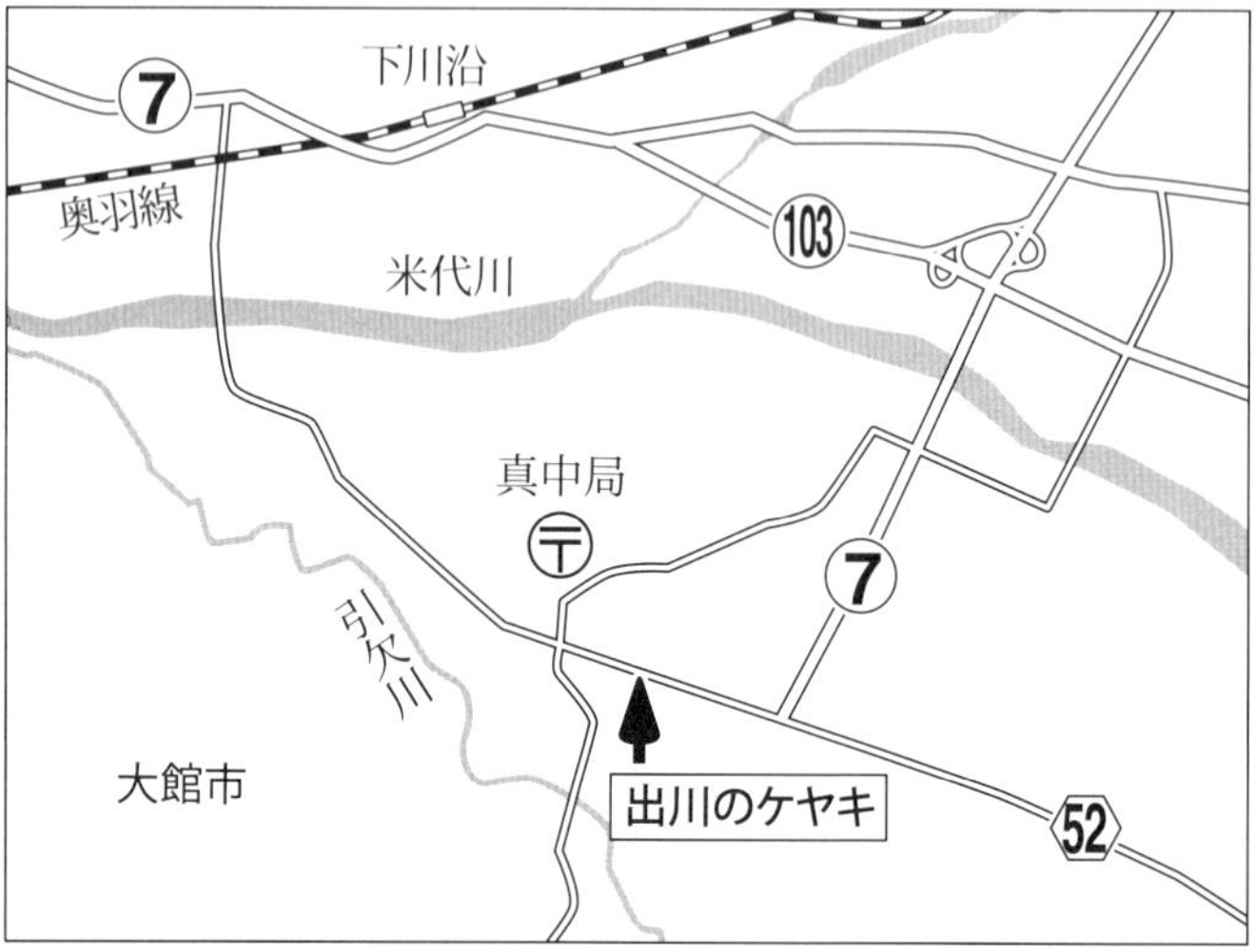

水ひとむすびふたむすびして

秋田と菅江真澄の縁は深く、その痕跡は県内至るところで見られる。少しばかり気になる漂白者の菅江真澄は、ここにも立ち寄っていたことを知り、そして計らずも、同じ軌跡を辿っていることにちょっとばかり嬉しくなった。

ケヤキの丘前方には緑豊かな田園風景が広がる。遠くに連なる山並みの左端は、クマゲラで有名な森吉山（標高一、四五四メートル）、右手は世界遺産の白神山地の主峰白神岳（一、二三二メートル）と田代岳（一、一七八メートル）。猛暑日の昼下がり、遠望の山々は陽炎のようにゆらいで見えた。

出川のケヤキは、バス停なら「出川停留所」が近い。

帝釈寺《たいしゃくじ》のケヤキ（町指定天然記念物）

寺の栄枯盛衰見つめる

五城目町馬場目字帝釈寺

およそ五百年前の一四九五年（明応四年）、馬場目の地頭・安東季宗が齊藤弥七郎に命じて、町村に「市神」を祀らせ市を開いたのが始まりと伝えられる五城目の「朝市」。自然の恵みはもちろん、包丁、桶、ザル、衣類などの生活用具をはじめ多様な店が並び、近年、観光としても賑わうようになった。日時が合わず、朝市の見学は叶わなかったが、一度のんびりとみちのくの朝市の風情に浸るのも悪くない。

その朝市で有名な五城目町の中心市街地から県道15号（秋田八郎潟線）を秋田方面へ車でおよそ六～七分のところに帝釈寺集落がある。集落手前の畑地で農作業をしていた年配の男性が「そこに見える集落手前を右に入るとケヤキが見えるよ」と手を休め教えてくれた。それにしても炎天下の中の農作業、本当に大変そうだ。朝市に出荷する作物をつくっているのであろうか。汗にまみれ丹誠込めてつくられた作物、まずいわけがない。しかも安心だ。昨今

の輸入食品による被害を考えると、もっともっと国内自給率を上げる方策の必要性を感じるのはわたしばかりではないはず。

一分も車を走らせないうちに杉林が見え、そのすそのなだらかな傾斜地に大ケヤキは悠然と立っていた。地上三メートル余のところから幹を七〜八本に分け、樹勢良く伸びやかに広がっている。そのお陰で樹下は夏の強い日差しが遮られ、ケヤキ周囲には何とも心地良い涼風が吹き寄せていた。

ケヤキ側にはブランコ、滑り台などの遊具のある小公園。しかし、周りは夏草が生い茂りあまり利用はされていないもよう。お年寄りの見守る中、孫たちの遊ぶ姿があったのだろうが、そんな日常的な光景も絶えて久しいのかもしれない。遊具の出番

樹高 26メートル、幹周 10メートル、推定樹齢 700 年

もなくなりそして子どもたちの声は聞こえなくなった。そんな小公園を見つめながら立つ大ケヤキはどんな思いでいることか。

　この辺一帯は廃寺帝釈寺跡。ここから出土した金銅阿弥陀如来立像は根元にあるしっかりとした造りの小祠の中に安置されている。

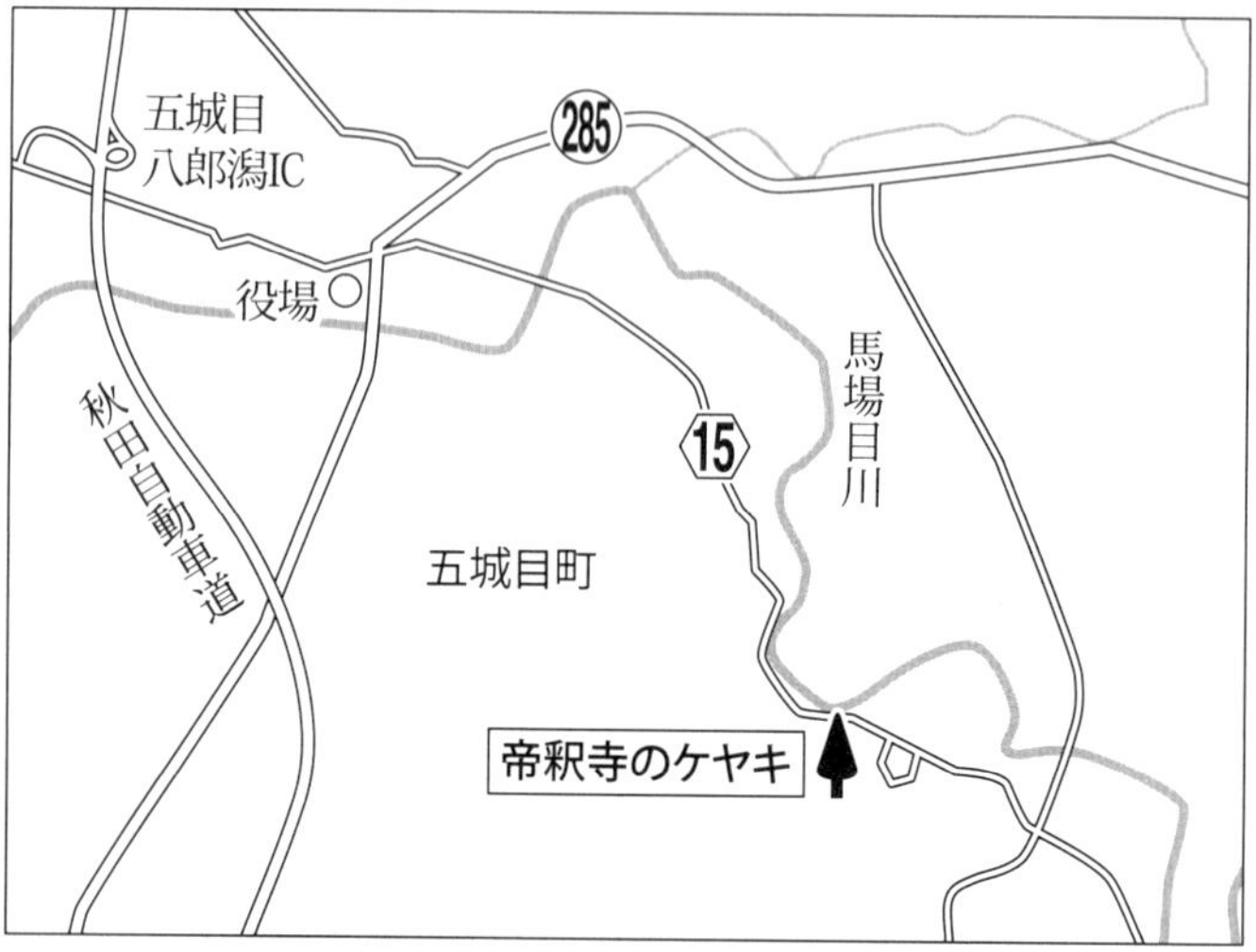

ケヤキ前方にすっくと立つ大木は、樹高三十《メートル》余、推定樹齢三百年の杉の木。集落入り口に聳《そび》える一本杉として長年にわたって親しまれてきた。根元にいくつかの石碑があるのは、この場所が廃寺となった帝釈寺の参道入り口だったからであろう。帝釈寺は天台宗の寺院であったが、近くの広徳寺に統合され地名だけが残った。

帝釈寺の栄枯盛衰の歴史を見つめてきた大ケヤキの下に、子どもたちの賑やかな声が戻ってくる日は果たしていつになるのだろうか。

夫婦《めおと》杉

名前通り根元で「合体」

秋田市仁別、仁別国民の森

帝釈寺（五城目町）のケヤキの側を通る県道15号は、地図を見ると、次の目的地である秋田市仁別の「仁別国民の森」へとつながっている。この道路を行けば距離的に近いのは明白だが、地図上の道路標示は途中から点線になっている。まずは通行可能かどうか確かめる必要があると思い、いったん五城目市街へ引き返し確認することにした。

都合よくバス会社があり、これまた都合よく運転手と思しき二人が出てきた。「県道15号から仁別国民の森へ行くのは不可能」「県道41号が最もスムーズに行ける道路」と教えてもらい、地図で再度確認すると、なるほどその通りでこれ以上の道はなさそうだ。

目的地を目指すこと約三十分。細いくねくね道の連続でいい加減飽きてくる。「国民の森」というからには、この季節自然の中で過ごす客が多く、したがって交通量も多いかなと思いきや、たった一台の車と擦れ違っただけ。終着地点にも人影はなく寂れた様子に何か拍

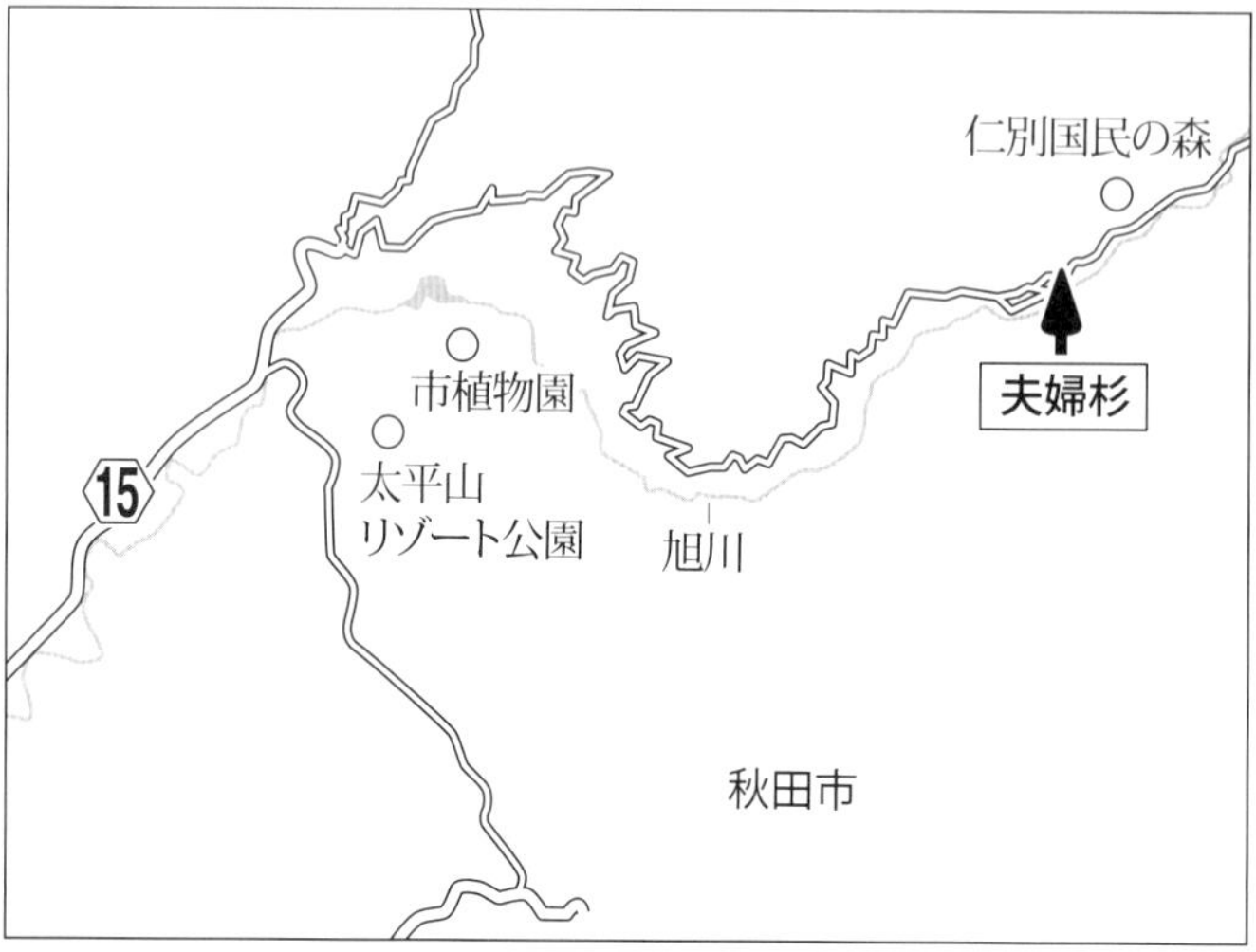

子抜けしてしまった。

目指す夫婦杉は駐車スペースから約五分。立派過ぎる「夫婦橋」を渡ってすぐのところに、名称にふさわしい姿で立っていた。「夫婦」と付く巨樹・巨木の多くは、多少距離を置いて一対の形で立つものが多い中、この夫婦杉は、腐った根株に二本の新しい杉が芽生えたらしく、幹下部(根元)で合体している珍しい姿態。これ以上の夫婦の姿はないのではないか、とさえ思う。

向かって右が男木、左が女木と呼ばれ、合体部分の幹真ん中は大人がすっぽり入るほどの空洞となり、それを境にして左右に同じような大きさで生長している。空洞部分は見ようによっては少々エロチックなのは、少し想像力を働かせ過ぎだろうか。でもそんな異形の姿に山仕事

樹高左方（女木）35メートル、右方（男木）37メートル、幹周 12メートル、推定樹齢 200～300 年

に携わる人たちは畏怖と霊威と親しみを感じ、山の神として祀り崇敬してきたのも理解できる、そんな樹形だ。しかし、山仕事を生業とする人たちが少なくなった昨今、夫婦杉はどのような扱いを受けているのかと、少々気になる。

夫婦杉の奥には、吊り橋や天然秋田杉への散策路がある。しかし、そこに行く道は草深くて先に進めそうもない。山全体の荒廃はここでも進行していた。

駐車スペース前にある「やすらぎの池」にはスイレンの花がちょうど開いていた。疲れた体を休めるにはいい場所だが、なにせ猛暑日。日陰もないところでは休憩もままならず、名残惜しくも急いで帰路に就いた。

宝蔵寺《ほうぞうじ》の大ケヤキ

度重なる火難乗り越え

大仙市神宮寺字神宮寺二二七

一三五四年(文和三年)、加賀から移された曹洞宗寺院の宝蔵寺を八月初旬の真夏日に訪ねた。宝蔵寺は何度も火災に見舞われ、戊辰戦争での戦火の後も一九一七年に本堂が火災に遭い二二年に再建された歴史がある。大ケヤキはそんな度重なる火難をものともせずくぐり抜けてきた。そういった意味では運の強い「霊木」とも言える。

寺院の歴史の重みを肌に感じながら境内奥に進むと、参道脇に大ケヤキは広壮に枝を広げて伸びやかに立っていた。枝張り直径は約二十八メートル。東西南北にバランス良く伸びほぼ円形の形状を成している。その姿は寺院の守り本尊としての役目を自覚しているかのように威風堂々とし、頼もしい限りである。樹下は直射を和らげる涼やかな緑陰となり、ひと息つくのにはもってこいの場所となっていた。

ひと通り境内を見学し、樹下で休もうとケヤキに近付くと、この近所に住んでいるという

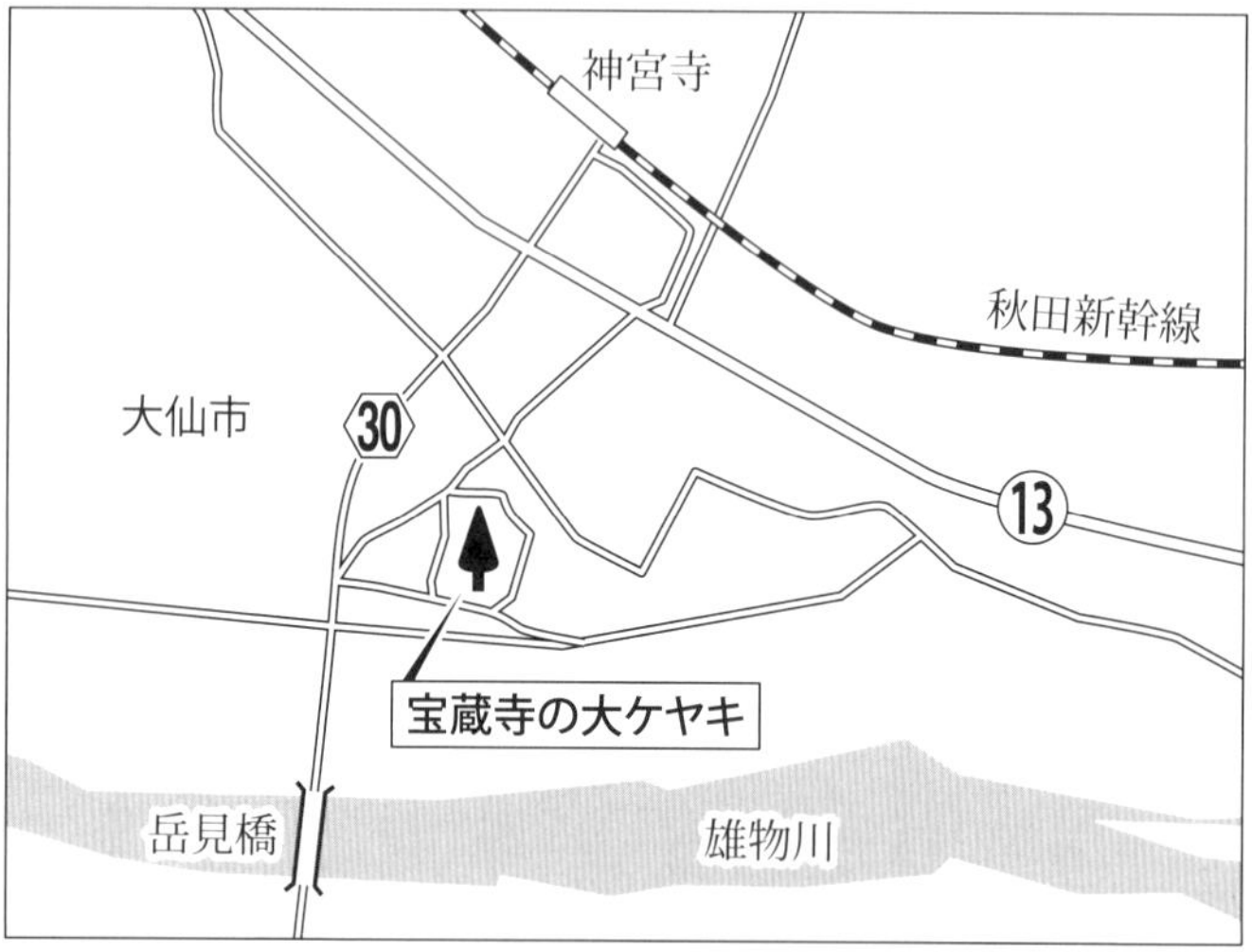

初老の男性が休んでいた。目の前のケヤキの話になった。「子どもの頃からこのケヤキは見てきました。掌サイズの樹皮を剥がし、それを手裏剣代わりにしてよく遊びました。夏の夜にはこの境内で肝試しの遊びもやったもんです。それはそれは怖かったもんです」と、次第に子どもの頃の懐かしい記憶につながってゆく。

平成合併前の町名は神岡町。加賀一向一揆から逃げ延びた富樫氏の支流によって創建されたとされる町唯一の寺院の檀家数は、三千近くにも及ばんと聞いて少々驚いた。

境内左側一帯は、墓石群が立ち並び、その波は樹下にも及んでいる。ケヤキの枝の張り具合からして、墓石群の下まで根が張っていることはまず間違いない。思わずケヤキの根が心配になった。

樹高 37.5メートル、幹周 11メートル、推定樹齢 950 年

「墓石の下にもケヤキの根は伸びているでしょうから、かわいそうですね」

「そうですね。わたしもそう思っています」

墓石群の一角に、天保の飢饉供養碑が立っていた。一八三三年（天保四年）は巳年の飢渇と言って大飢饉に見舞われた年で、秋田領内では五万二千人の餓死者が出たと言われる。この碑は付近の餓死者を供養するため神宮寺郡方役屋の蔵方小西総太が一八四五年（弘化二年）に立てた。碑には「天保荒歳無縁」と刻されている。

気が付くとかれこれ小一時間もくだんの男性と話していただろうか。訥々と話す秋田弁が妙に心地良く、そこを離れてからもしばらく耳の奥に残っていた。

筏《いかだ》の大杉（県指定天然記念物）

風格漂わすV字形の幹

横手市山内筏字植田表五六

里山すそにひっそりと建つ比叡山神社。その素朴な社殿左奥のゆるやかな斜面に神社の神木でもある大杉は雄々しい姿で立っていた。地上約六メートル《メートル》のところから幹がV字形に分かれ、左右均整のとれた太い幹の枝張りは最長十メートル《メートル》に及び、大樹の風格に満ち満ちている。かつてはV字となる二股部分に山桜が着生し、時節には花を咲かせ人々の目を楽しませていたという。ところが幹に割れ目が生じたため一九八九年に取り除かれてしまった。開花時の情景を想像してみた。何とも惜しい気もするが、大杉のことを思えばそれも致し方ない。でも、一番寂しがっているのは大杉本人かもしれない。

保存のためかなり手前からロープが張られ根元に近付くことはできない。しかし、これで良いのだろう。立て看板に、大杉の独り言として次のように書いてあった。

「わたしも歳をとり、千歳か千二百歳か自分の歳を忘れました。大きいな太いな、とみん

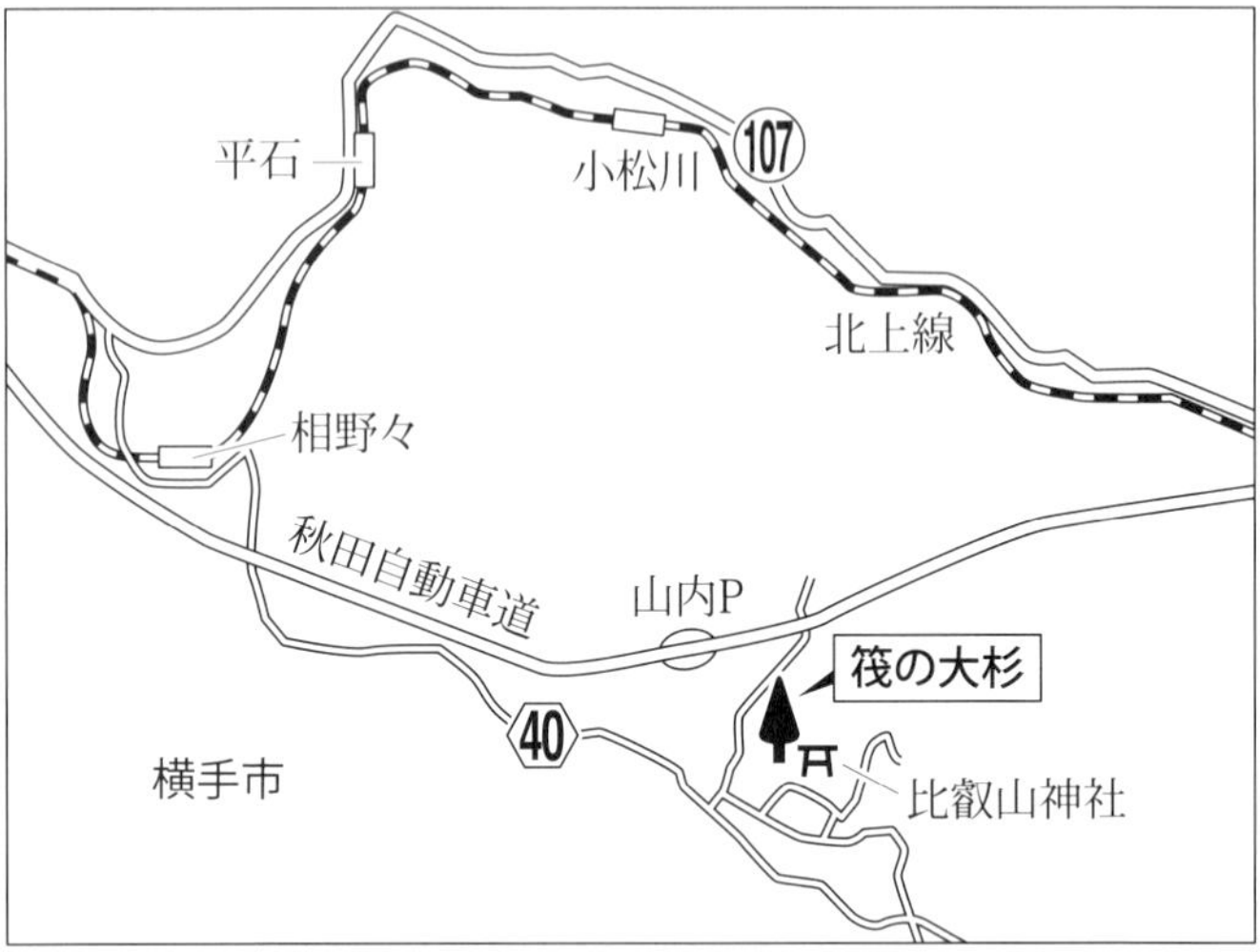

なで近寄ってきて、根元がかたまって、おいしい水もたくさんの栄養もとれなくなってきました。まだまだ長生きできますので、みなさんどうか少し離れたところから見上げてください」

しばらく遠目から出逢いを愉しんだ後、ひっそり閑とする中、社殿の階《きざはし》に腰掛け朝食のパンをほお張っていると、心地良い野鳥の声が聞こえてきた。

比叡山神社は、延暦寺との関わりが深く、別名三十番神社とも言われる。それは毎日祀られる神が異なり、三十日で一巡するところからきている名称。また、一ヵ月各日を結審して守護する善神三十座を祀るので、三十番神社とも呼ばれてきた。大晦日から元旦にかけて松明を焚き、その燃え方で新年の豊凶を占う行事と地元の男衆が相撲をとって豊作と幸を祈願する行事

樹高 43メートル、幹周 11.8メートル、推定樹齢 600 年

があり、そのとき境内は一年のうちで最も賑うらしい。

一八二六年(文政九年)、菅江真澄はこの地を訪れ、筏の大杉について、『雪の出羽路・平鹿郡・筏邑の大堤邑』の中で次のように記述している。

「うべならむ神木の両双《ふたまた》の大杉は、人尺《たけ》の中《ところ》に斗レば周囲《めぐり》八尋に余れり。……此三十番神の斎杉《いすぎ》もいくばくかの年を歴たらむものか、……」

菅江真澄は、四十七年間の長きにわたり陸奥、蝦夷地を旅している。その間の出来事を日記、地誌、随筆、図絵などの形態で、今日の民俗、歴史、地理、文学、考古、宗教、科学など広範囲な内容に及ぶ著書を二百冊ほど残している。民俗学者柳田国男に「真澄は民俗学の先覚」とまで言わしめている菅江真澄。彼の行動力、向学心、考究心、探求心そして生き方そのものに惹かれる人は、わたしばかりではないはず。のんびりと彼の軌跡を追う一人旅も悪くないなと考えている。

古記録と『山内村史』により、一七一一年(正徳元年)には幹周は八・六メートル、一八四六年(弘化三年)十メートル、一九一〇年には十二・七メートルと生育してきた様子が分かる。現在、生長は休止状態にあり、養生と活性化に努めているとのことで、その効あってあと数百年はきっと長生きすることだろう。

法内《ほうない》の八本杉（県指定天然記念物）

寄り添い伸びる太い幹

由利本荘市東由利法内字臼ヶ沢、国有林三六林班ろ小班

八つの市町村が合併して誕生した由利本荘市は、まさに平成の大合併の申し子のようで、広範囲の地域に及ぶ。八本杉の場所を尋ねるため東由利総合支所（旧東由利町役場）に寄ってみた。合併の副産物と言ったら失礼か、庁舎の建物は新しく実に広々としている。「忽然と出現」という言葉がいかにも似合いそうな、山間地には立派過ぎる建物だ。

生涯学習課の職員が、山紫水明「黄桜の里」がキャッチフレーズの東由利のパンフレットに載っている地図をもとに、丁寧に対応してくれ、そのお陰でスムーズに辿り着くことはできた。教えがなかったら多分、かなり苦労したであろうと思える複雑な道だった。

八本杉入り口前の整備された駐車スペースで思わぬ出来事に遭遇した。車が停車した瞬間、得体のしれない昆虫が車に体当たりしてきた。一瞬、何事かと思ってよく見ると、虻《あぶ》の群れだった。その数は、二十〜三十匹はいただろうか。助手席の窓が少し開いていたため車

内に三匹ほどが侵入、車内は一時騒然となったものの何とか撃退。虻の群れは車周囲を勢いよく飛び回り、程なくしてどこかへ退散していった。何とも手荒い洗礼を受けたものだと困惑したが、それにしても車を目掛けて虻が突進してくるとは、一体全体どんな魂胆があったのだろう。

駐車場から整備された山道を歩くこと、五～六分。八本杉は山中の緩やかな斜面に天に向かって突き上げるかのごとく立ち、スラリとした太い幹は寄り添って伸びている。地上約三メートル付近から環状に六本の支幹に分枝し、枝張りは直径約十八メートルにも及ぶ。呼称は八本となっているが、枯損した一本を加えても七本にしかならない。呼称の通りもう一本あったのかどうか、その痕跡は定かではない。

太い幹が寄り固まっているだけ

樹高40メートル、幹周11.5メートル、推定樹齢500年以上

に、本数を数えるのは意外と容易ではなく、ひと目見ただけでは七本か八本か分からない。正直なところ案内の説明板を読むまでは、本数のことは全く気付かなかった。

秋田県内に現存する天然杉では最大級のものとして学術上貴重とされる大杉。昔から、この地方では八本

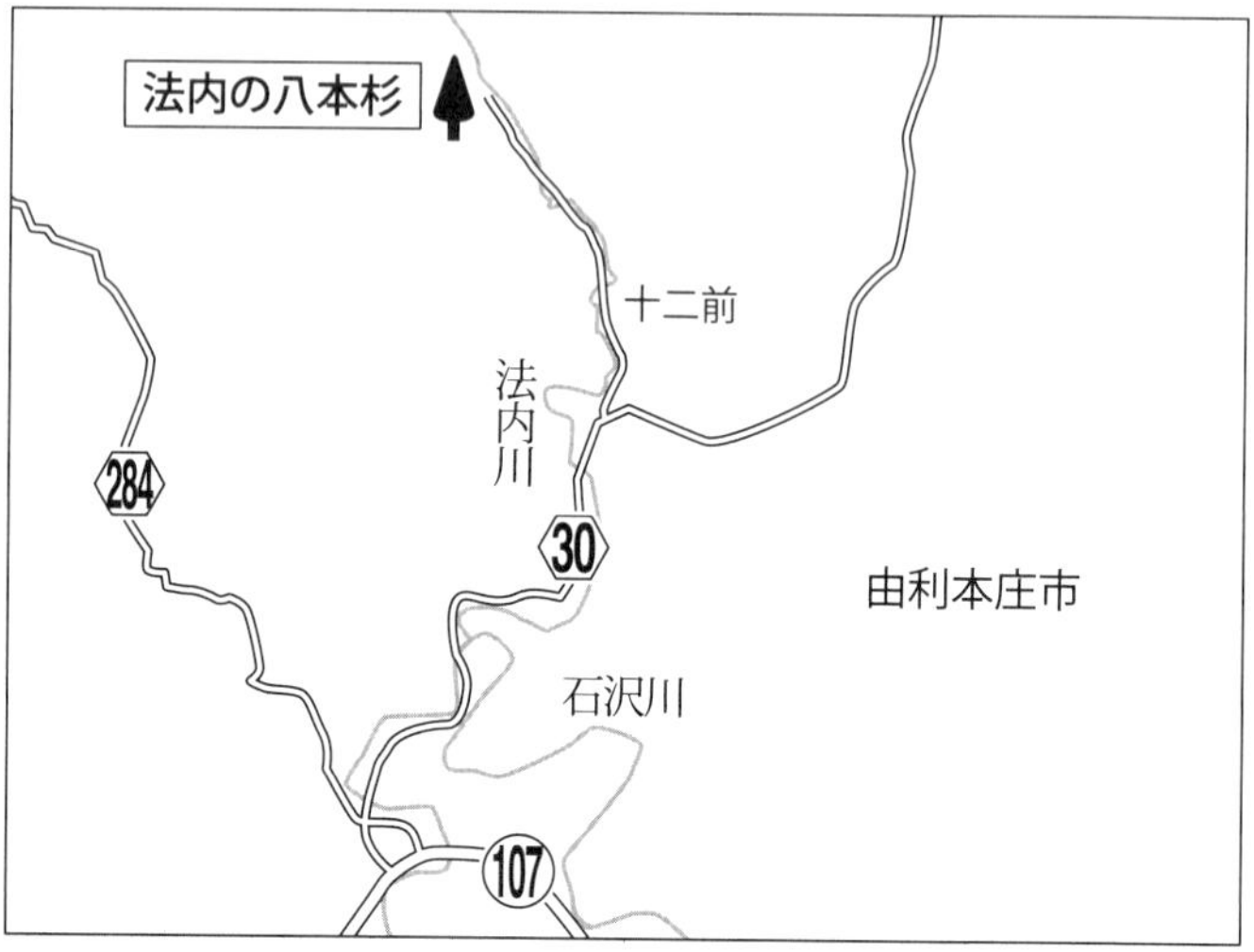

の幹に分かれた木は神の宿る霊木として崇敬され、根元に江戸時代に祀られたとされる小祠もある。現在でも毎年五月十二日に山の恵みと山の神に感謝する山神祭りが行われる。神が降臨するそのとき、もしかして杉の本数は変化するのではあるまいか、などと思ったりした。

千本カツラ（県指定天然記念物）
26本の幹が生命力誇示

由利本荘市鳥海町栗沢字内通一三ノ四

バイパスから鳥海町内に入って直ぐに「千本カツラ」の標識。それに沿って進むと標識は分岐点ごとにあり、これは容易に辿り着けるかなと思いつつ車を走らせる。ところが、次第に道は狭くなり山深くなってきた上、ついに標識も見当たらなくなり少々不安に駆られながら十五分ほども走った頃、「カツラ入り口」を示す看板が現れたときは、正直胸をなで下ろした。

車を降りて矢印の方向へ忠実に向かって歩いていたつもりが、行けども行けどもカツラらしき巨樹が見当たらない。道そのものも怪しくなってきたものの、ここまで来たら逢わないで引き返すわけにはいかないという気持ちが、つい腰の高さまである草むらを掻き分けさせ、さらに二十分ほど進んでしまった。しかし、これ以上深入りすると遭難しそうな雲行きになってきたため、後ろ髪を引かれる思いで出発地点に戻ることにした。

入り口の看板を再度確認すると、矢印の方向をすっかり勘違いしていたことにガックリ。落ち着いて見渡すと何と五十メートルほど先の雑木の中にカツラは立っているではないか。何てことだ。自分の間抜けさ加減にほとほと呆れてしまった。

カツラは、あらぬ方向へと歩いているわたしの姿を見て「間抜けなやつめ」とでも思い、しかし、そんな哀れな姿に、せっかく遠方から来たのだからと、「帰るのはちょっと待てよ。ここにいるよ」と呼び止めてくれたのだろうと思うことにした。

小さな谷間の沢に、大小二十六本もの幹が株立ち状態で広がり、この山の主と言わんばかりにどっしりと根付いているカツラは、春の若葉の頃、涼を求める夏の深緑の頃、鮮やかに色なす秋の黄葉の頃と独特な樹形が周囲の景観と相まって美しい様

樹高37メートル、幹周20メートル、推定樹齢800年

相を呈するという。親株から子・孫・曾孫と叢生《そうせい》し、その生命力と旺盛な自然の営みが伝わってくる。

カツラに次のような伝えがある。

約三百五十年前に長崎から移ってきた黒木の姓を名乗る一族がこの地域に住み着き千本カツラのある一帯を所有した。以来、この木は大蛇

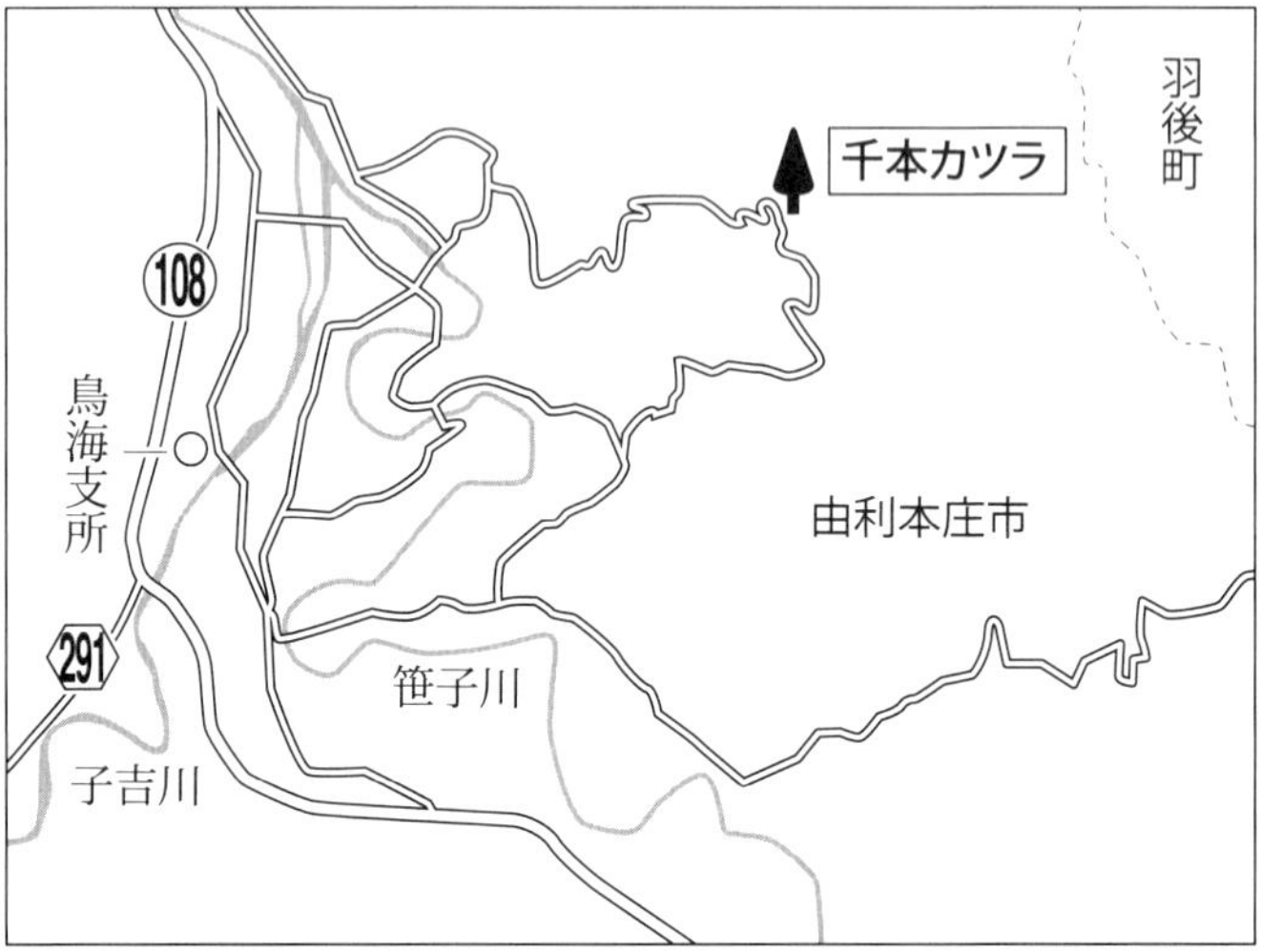

が株元に棲む山の神として地元民に崇められてきたという。伝説を裏付けるかのように、毎年正月十五日に注連縄をかけて、お神酒を上げ参拝する慣わしがある。

雑木に囲まれた半日陰の中に立つカツラの根元は薄暗く、蛇がとぐろを巻いていそうで何となく薄気味悪い。でもここは崇敬なる地なのだ。

帰路に就いて走ること約一分。道路脇に湧水を貯める貯水桶を見つけ、そこで汗ばんだ手を洗いふと正面の南東方向を見ると、雄大な山容が目に入ってきた。秀峰・鳥海山（標高二、二三七メートル）だ。大カツラはもう何百年もこの雄大な姿の鳥海山を見て来たのだと思うと、何とも羨ましくなった。

白岩岳のブナ

黒斑模様の肌 漂う気品

仙北市角館町白岩広久内字大広久内山、国有林内

秋田県と岩手県を跨いで連なる和賀山塊。その懐は深く人々を容易に近付けさせない厳しさがあり、日本最後の秘境地帯とも言われる。山塊の一つを成す白岩岳（標高一、一七七メートル）中腹の奥まったところに日本一とされるブナがあることを知ってから二年後、ブナと漸く逢うことができた。ブナへの行程は道なき道でかなり厳しいという情報を得ていたので、今回ばかりは登山経験豊富な知人に同行してもらった。

田沢湖町の水沢温泉のとある旅館に前泊。平屋建てで部屋数は六つ。何の変哲もない素朴な旅館の宿泊客はわれわれだけの貸し切り状態。こちらにとっては願ってもなく、ゆったり食事を済ませることもできた。

館主に「この風呂には皆さん満足していかれますよ」とさりげなく勧められた。半信半疑で入ってみた。乳白色の湯は絶品で、「秘湯」とはこのようなところを言うのではないか

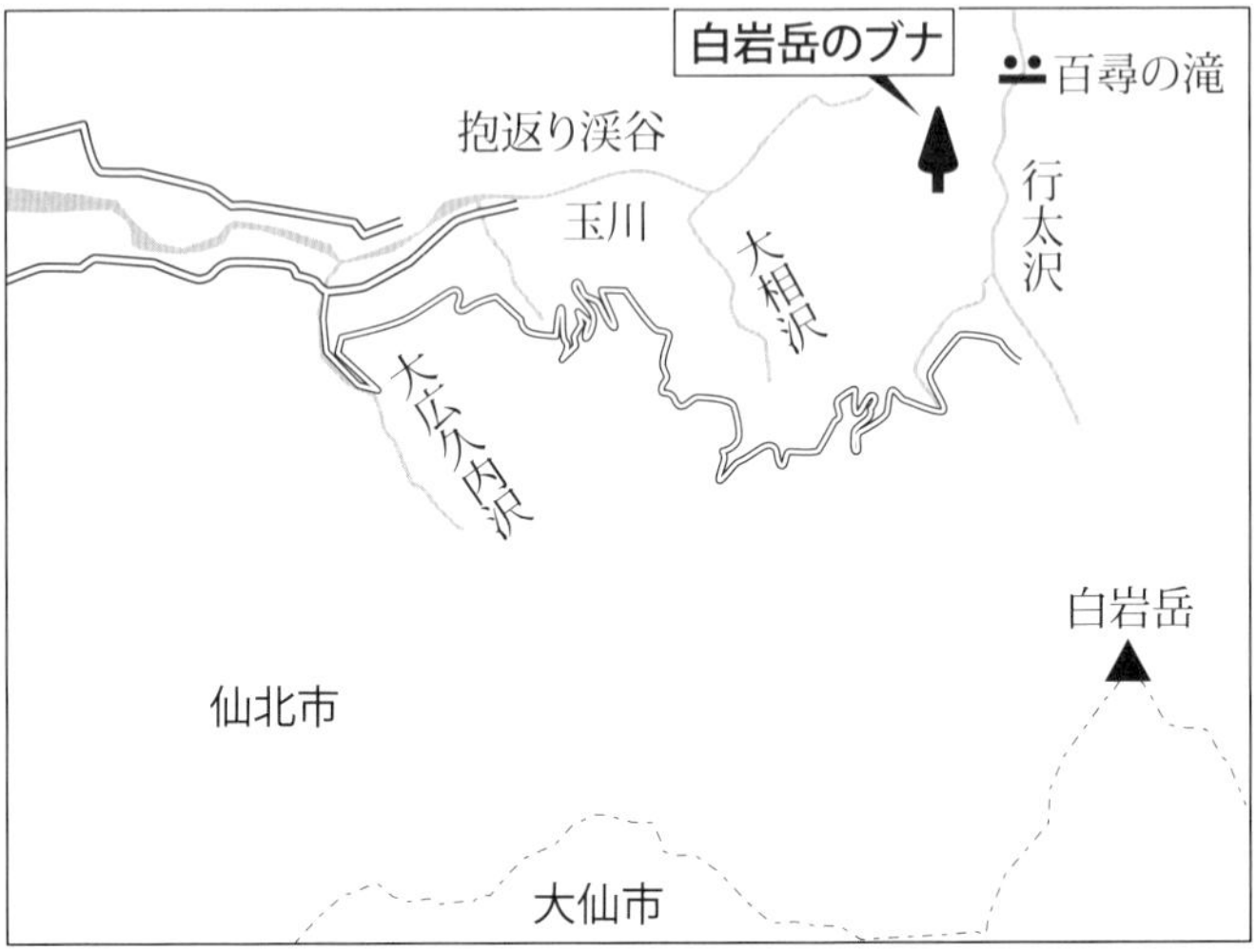

と、同行者と感動を共有する。

予報と違って翌日は予想以上の好天。少々心躍らせ白岩岳へ出発。抱返り渓谷沿いをしばらく走り、伝説伴う山伏岩を百五十メートル過ぎた右側の大相沢林道に入る。特に標識はないのでうっかりすると見過ごしやすい。そこから傾斜のあるしかも悪路を車で約三十分。途中、「小尻高沢」「大尻高沢」「小相沢」「大相沢」の名が付いた沢を過ぎて間もなく、少し広くなった緩いカーブに差し掛かる。その左手にブナへの入り口があるが、目印となる標識は特になく、かろうじて山道と分かる程度の場所。

ヒバの幼木が道を覆い足を取られながらもアップダウンのきつい山道を歩くこと約五十分。ヒバ林に囲まれた小さな空間の斜面沿いにブナは静かに鎮座していた。出逢った瞬間、巨

樹高 24メートル、幹周 8.6メートル、推定樹齢 300 年以上

樹に備わる迫力、凄みとはまた違った樹幹に宿す不思議な魅力に、体にへばり付いた汗がスーと引いていく。樹肌に黒斑模様を配した気品漂う姿に魅入られながらしばし佇むと、息も絶え絶えであったはずなのに、疲れは何時《いつ》の間にか消し飛んでいた。

地上約二《メートル》から分かれたU字形の幹はそれぞれ垂直に伸び上がって枝を四方にめぐらせ、樹勢はよい。二百万個の実を付けるほどの活力もあり、一日一《トン》もの水を蒸発させるという二十万枚もの葉を下から見上げると、夏の日差しを浴び、透き通ってとても清々しい。きらめく葉の間を通して降り注ぐ柔らかな木漏れ日は、一服の清涼感をもたらしてくれた。

堅く締まった幹には大小の瘤や凹凸。苔むした樹肌に幾星霜の風雪を経てきた年輪を感じる。幹に亀裂のように走る細い縦長の溝内部は空洞化し、おまけに向こう側が見通せる穴も貫通し、表面とは裏腹な痛々しい状態に少し沈痛な気持ちになる。しかし、ブナはそんなことをおくびにも出さず、大地にしっかり根差す。その凜とした姿を目の当たりにして、改めて敬虔の気持ちが湧いてくる。

向かい側に雄大に聳えるのは白岩岳。はるか眼下から聞こえるのは抱返り渓谷からの川音。ブナはもう何百年も人を容易に寄せ付けない自然の中に身を置いている。

オブ山の大杉（市指定天然記念物）

深い山の急斜面に屹立

大仙市太田町字真木山、真木山国有林内

平成の大合併で大仙市となった旧太田町。その太田町を流れる川口川沿いをしばらく走ると、やがて幅の広い林道に出る。以前は車で林道奥まで進むこともできたが、現在は途中に鎖が架けられ車はここでストップ。ここからオブ山入り口までは歩いて約二十分。

これから行こうとする方角から作業用ヘルメットを被った、年の頃は六十代半ばの男性がやって来た。大杉の場所とそこまでの道路状況を尋ねる。土地の言葉で説明してくれるので少々理解不能の点もあったが、「林道右側に入り口の案内板が立っている。そこから川を渡り山道を行くと大杉がある。川の水量は長靴でも大丈夫。山道もたいしたことはない。先日も長靴で行ってきたよ」と、ニコニコ顔で言うので気楽に出発した。

林道のところどころに落石が見られ、車での通行はやはり危険だなと感じながらのんびり進み、教えられた入り口案内板から河原に下りた。ハッとするほど透明感のある川は、確か

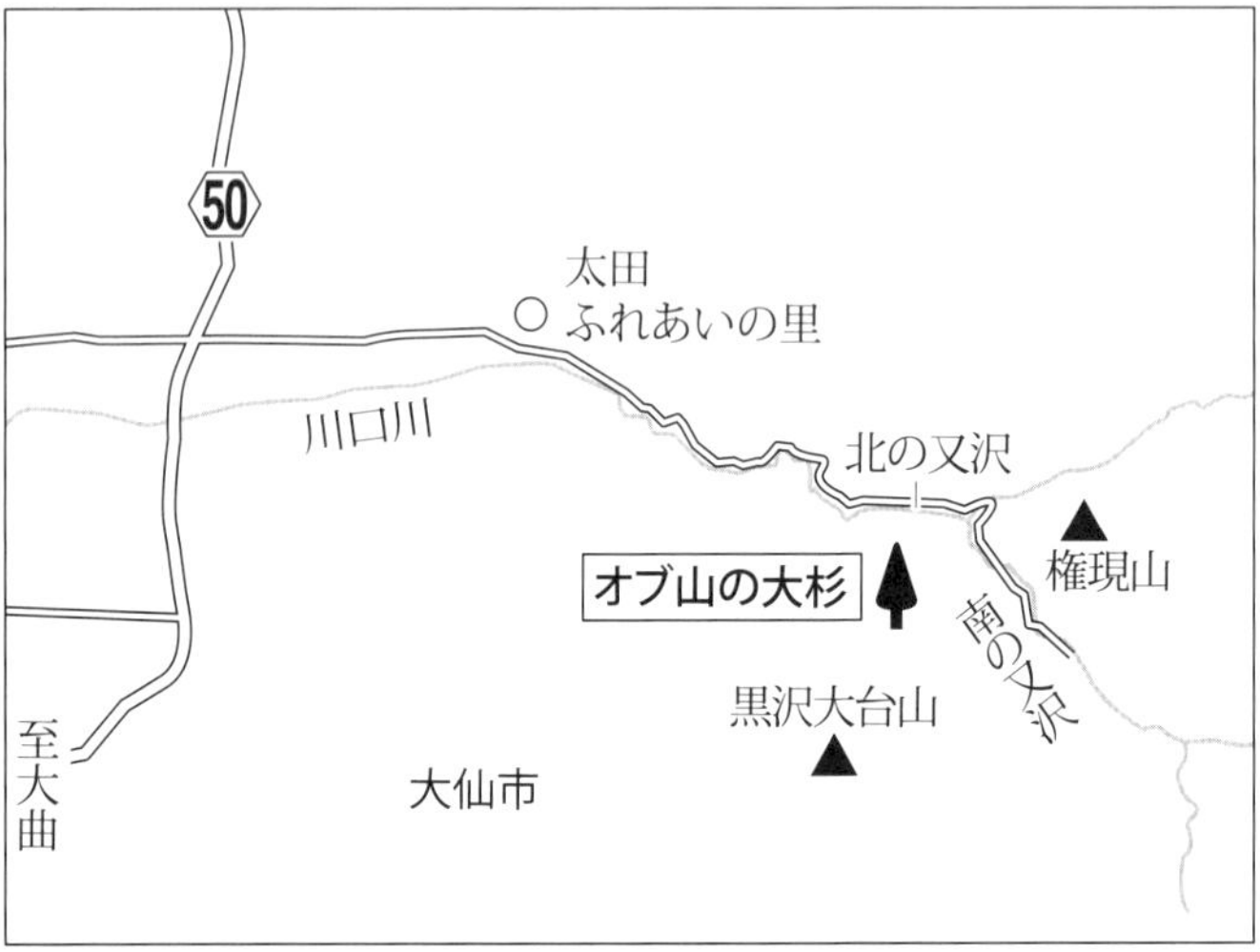

に長靴で渡れる水量。同行者は登山靴を脱いで素足で渡る。思いの外冷たいようだ。川を渡った先の入り口案内板に「健脚向き」との一行を目にし、何やら不吉な予感を覚えたが、男性の言を信じて登り始める。

十五分経ってもまだ登りが続く。急な登りで、しかも悪路。昨夜、飲み過ぎた登山経験豊富な同行者は少々へばり気味で休憩を取ること三、四回。「教えられたことと違うではないか」と恨み節も出てくる。しかし、道を教えた男性にとっては、たいしたことのない普通の山道だったのだろう。

ヘトヘトになってようやく辿り着き、顔を上げると目の前に秋田県では最大級の杉が覆い被さらんばかりに立っていた。「この暑いのによくここまで来たな。ご苦労さん」。午前中の白

樹高 34㍍、幹周 12.4㍍、推定樹齢 1200 年

岩岳（標高一、一七七メートル）のブナ探訪も影響してか、そんな幻聴が聞こえてきそうなぐらい、正直疲れきっていた

相当な踏ん張りが必要なほどの急斜面に屹立するには、よほどしっかりと根を張っているのだろう。しかも千年近くもこの姿勢を保っていることを思うと、感動も一入《ひとしお》というもの。太い幹全体に差し込む陽光は一段と杉の逞しさを浮き立たせ、樹勢旺盛な大杉の根元に立つとのしかかってきそうな威圧感に圧倒される。

大杉は柵で囲われ、むやみに根元へは近付けない。柵の前でしばし休憩し昼食を摂りながら大杉との静かな会話を愉しむ。

遠くから樹木伐採の重機の音が聞こえてくる。人間たちの蠢《うごめ》きを、もう千年余もこの場所から見続けている大杉の生命力は、今なお漲っていた。

一里塚のツキの木
根が一里塚をのみ込む

湯沢市愛宕町二丁目二六四

現代のように「健康のため」「趣味のため」に歩くのではなく、「歩くこと」が主たる移動手段であった時代、約四キロごとに設けられた一里塚は旅人にとってはこの上ない貴重な場所であったろう。案内板には「この一里塚は、一六〇四年（慶長九年）家康が大久保長安に命じ、全国の街道に一里ごとに塚を築かせたものの一つ……道路の西側に土を盛り……」とあった。

本来一里塚は街道両脇に一対でつくられていた。道路改修などによりそのほとんどは消滅し、残っていても片方だけのことが多く一対で残っているものは少ない。わたしの古里であるかつての相馬中村藩領内には、一対で残る一里塚が二ヵ所存在している。いずれも道路改修や新設道路から外れたところで、それが幸いして貴重な歴史的遺産として残ってきた。

塚の上には樹木が植えられることが多く、樹種としてはエノキが多かった。樹木は旅人に

とって日差しを遮る役目を果たし、またエノキの葉は漢方の効用もあり、急病のときは薬草として活用されてもいた。名称の「ツキの木」は「槻」、いわゆるケヤキのこと。一里塚にケヤキを植えたこともあったが、それよりも何よりも剥き出した根が一里塚をすっぽり覆っている姿には驚かされる。どうしてこのような異相な形になったのかは知る由もないが、いつの間にかケヤキの根が一里塚をのみ込んでしまったらしい。それにしてもこんな姿態をしている巨樹は全国でも極めて珍しいのではないか。フランスは十八世紀の貴婦人方が着用していた、あの極端に腰部分がくびれたロココスタイルのスカートを思い出すのは、わたしだけだろうか。

　ツキの木の幹周の数値は多分、地上約三《メートル》付近の注連縄が張ってある幹のくびれた部分を計測した数字と思われる。しかし、地上一・三《メートル》

樹高 22メートル、幹周 8メートル、推定樹齢 400 年

部分を測ると、優に二十メートルは超えそうな太さだ。ただしこれはあくまでも根であり、覆われている中には土饅頭があることを忘れてはならない。

ケヤキ特有の箒状に枝を広げ、遠目からでも分かるぐらい繁茂し、一見すると樹勢は旺盛だが、以前は空洞があったという。外見的に空洞

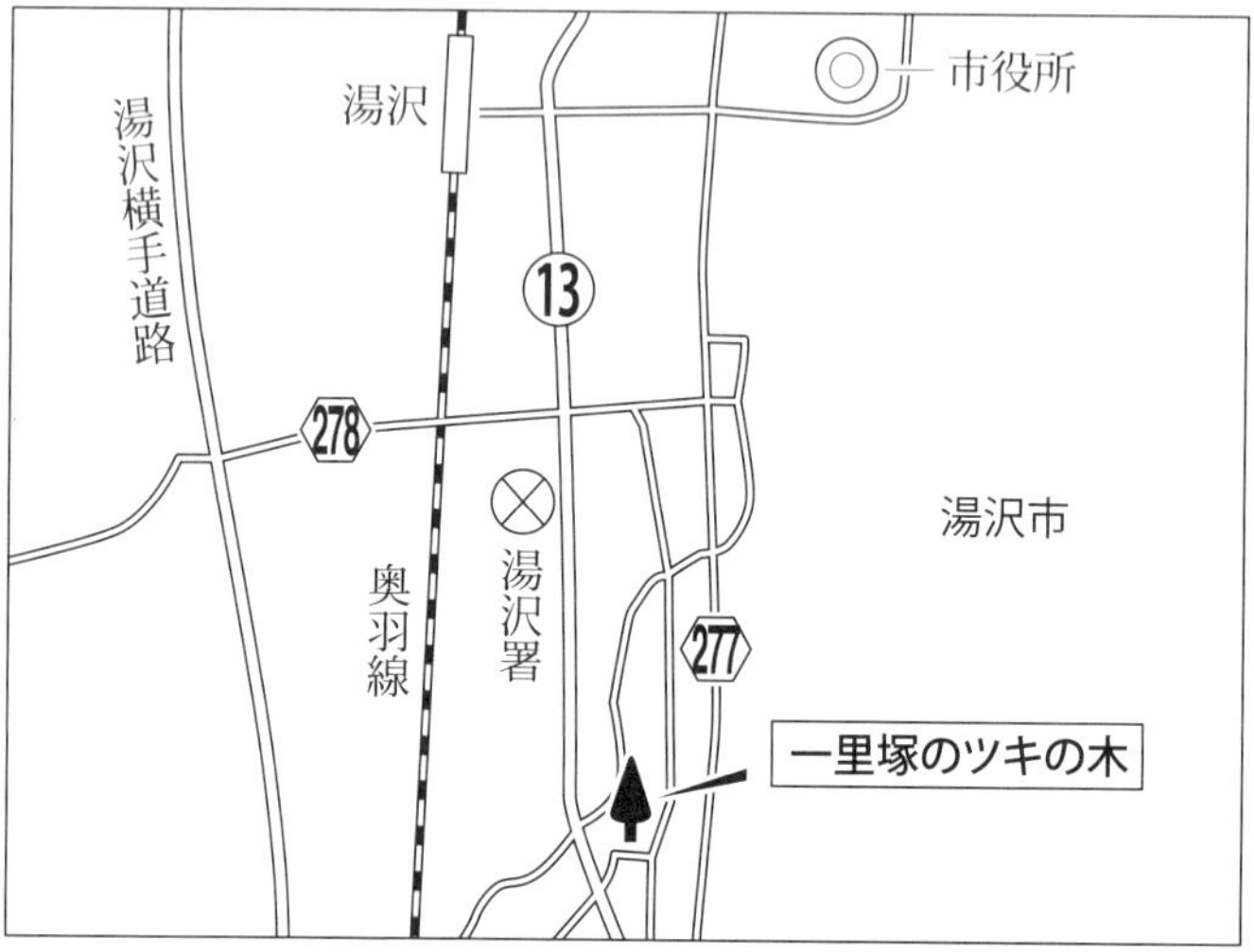

が見当たらなかったのは、樹勢は回復したということだろうか。

人家の直ぐ側に立ち、根元周囲は舗装されていて何とも息苦しそうだ。ケヤキにとって決して良い環境とは言えないが、そっとこのまま見守るしかないのだろうか。

川連《かわづら》のホオノキ（市指定天然記念物）

4本の幹が天に伸びる

湯沢市秋の宮川連、千代世神社境内

雄勝町から国道108号を秋の宮温泉郷に向かう。役内川に沿った国道は宮城県の鬼首温泉を通り、やがて国道47号にぶつかる。川連地区に行くため国道108号の途中から右方面に入ると、何やら道路脇にずらりと車が駐車し、大型トラックの空いていた荷台には釣竿が何十本も置いてあった。「何だろう」と思う間もなく橋に差し掛かり、橋上から川を眺める人々がいた。「釣りキチ三平の映画ロケ」という。納得した。

川の中にロケ班の数十人が入っていた。多分、この季節ゆえ鮎釣りシーンでも撮影していたのだろう。釣りは素人ながら、この川は鮎釣りには打って付けのように見えた。

ロケを尻目に橋を渡って右方面に走ること約三分。素朴な千代世神社の社殿が現れ、その左側に葉を旺盛に茂らせたホオノキがどっしり立っていた。ホオノキの葉の大きさはトチノキとともに落葉樹では最大級。それだけに葉の茂り具合も見事だ。

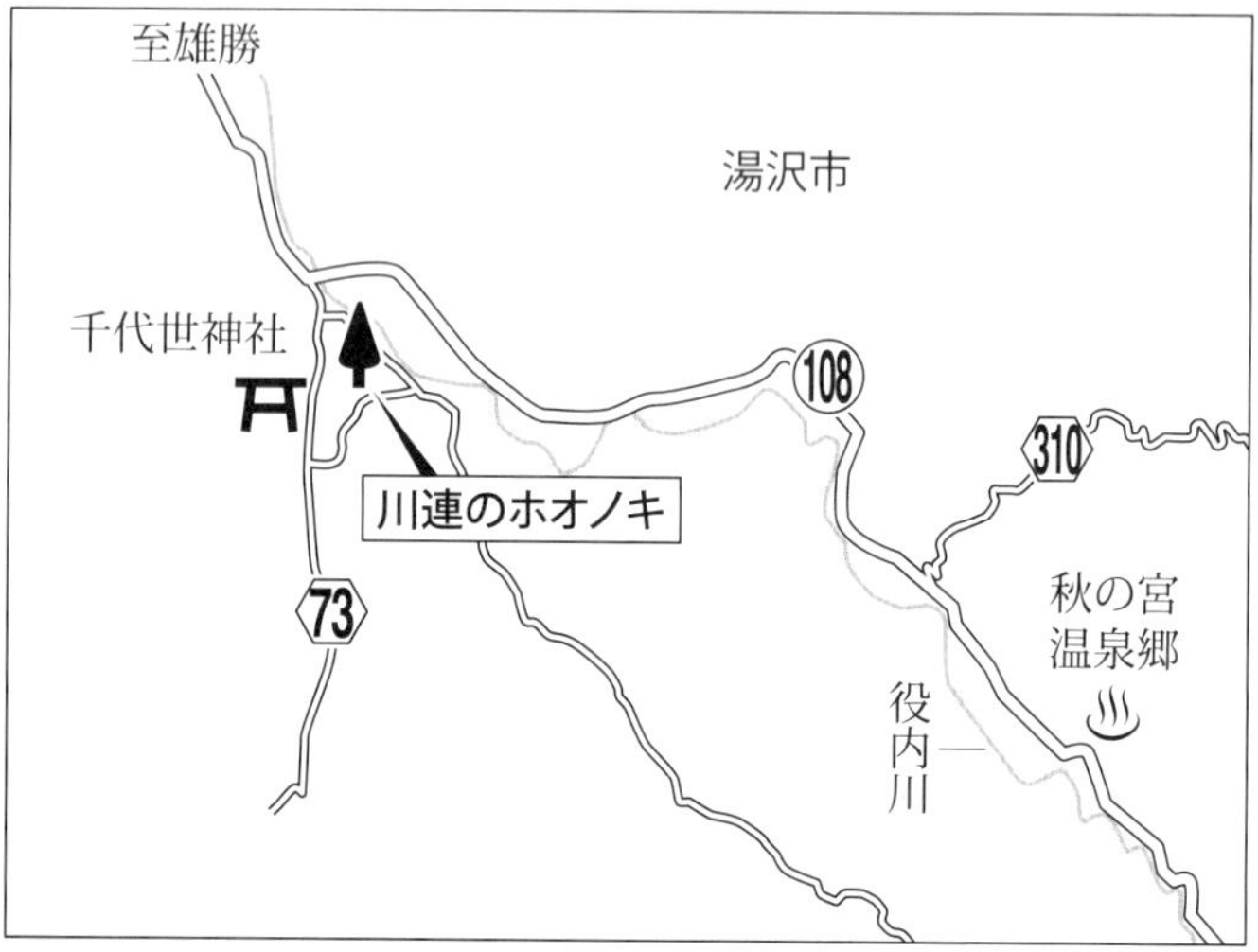

根元付近で幹は四本に分かれ、中心部は空洞化し、分かれた幹は一木のようにいずれも太く、それぞれ天に向かって思うように伸びている。見事に育った幹周二十五センチほどの着生木がホオノキに密着して生えているが、いずれホオノキにのみ込まれてしまいそうな気配だ。

太いツタの枯れ木が絡み付いているのは、ツタとホオノキの死闘の末、ホオノキが勝利を収めた痕跡かもしれない。

長さは五〜六センチ、幅二センチほどの長楕円形の実が多数落下していた。葉も大きければ実も見事だ。大人の掌ほどの花は、枝の先に単生し六月頃咲く。そのとき、淡黄白色の花びらからは甘い芳香が放たれ、それは清々しい季節感を誘うと同時に初夏の青空によく映えるという。そんな季節にホオノキと出逢ってみたい。

樹高18メートル、幹周11メートル、推定樹齢500〜600年

樹冠下は、他の植物が生えることは少ないと言われる通りさっぱりしていた。それは、落葉や根などから分泌される他感物質により種子発芽や植物の生育が抑制されるためだという。他感作用というあまり耳慣れない言葉は、他の植物の生長を抑える物質を放出したり、動物や微生物を防いだり、あるいは引き寄せたりする効果を総称しての言葉らしい。

葉には芳香と殺菌作用があるため食材を包むのに適し、そこから生み出されたのが「朴葉寿司」や「朴葉餅」。また、比較的火にも強いため「朴葉みそ」といった焼く郷土料理も誕生した。

古墳から出土する杯の上に「朴葉」が敷かれているのが発見されることもあるという。また「朴歯下駄」として履物にも活用されてきた。ホオノキは古代から人間社会に多大に貢献してきた、何とも重宝な木なのであった。

山形県

草岡の大明神桜（国指定天然記念物）

「種まき桜」として崇敬

長井市草岡六九四

山形県南部の置賜地方（米沢・長井盆地）には桜の古木・銘木が多く、近年「置賜さくら回廊」と称されるようになり、時節には多くの人々が訪れる名所となっている。その中でも「草岡の大明神桜」（エドヒガン）は最大の幹周を持つ。

小雨ぱらつく早朝、横山家裏庭にしっとり濡れた姿で立つ桜に出逢うことができた。見学者が多いのだろう、駐車場を含め周辺はよく整備され、桜に近付けないよう柵も設けられていた。これだけの距離から眺める分には根を痛める心配はまずないが、いずれにしても周囲の住宅に配慮して静かに愛でるに越したことはない。

訪れたときは十月の初旬。もちろん桜の季節ではない。開花の様子は知ることはできなかったが、案内板に開花時の写真が載っていた。それを見る限りでは、「華やかに咲き誇る」というイメージとは程遠い。どちらかと言うと白色系のエドヒガンの花弁は少なく、控

えめに咲いている。それはむしろ山里の風景にはぴったりのように思う。

朝日山系のすそ野に生育するエドヒガンの巨樹「草岡の大明神桜」は、人里に植栽された単幹の桜の幹の太さでは国内最大級。ありがちなことだが、主幹は空洞化していて、その姿は見るに忍びない。

坂上田村麻呂が蝦夷平定の折、戦勝記念に植えた五本のうちの一本の桜との伝説がある。また、所有者横山家に伝わる古文書には、「今から四百数十年前、伊達政宗が十四、五歳の頃、鮎貝氏との合戦に初陣として加わった際、戦いに敗れてこの桜の洞《うろ》に隠れて難を逃れ、『桜子の散り来る方を頼み草岡にて又も花を咲かせん』と詠み、家臣横山勘解由を残し桜の栄え久しきことと子孫長久を祈り桜の保護に当たらせた」という伝

樹高17.2メートル　幹周10.9メートル　推定樹齢1200年

えもあり、洞の存在は古くから知られていた。

かつてこの桜は、枝の広がりが一反歩にも及び、横山家の母屋を覆っていたと言われるほどの大きさを誇った。地元では「種まき桜」と呼ばれ農作業の目安木として崇敬されてもきた。

駐車場に二本の桜が植樹されてい

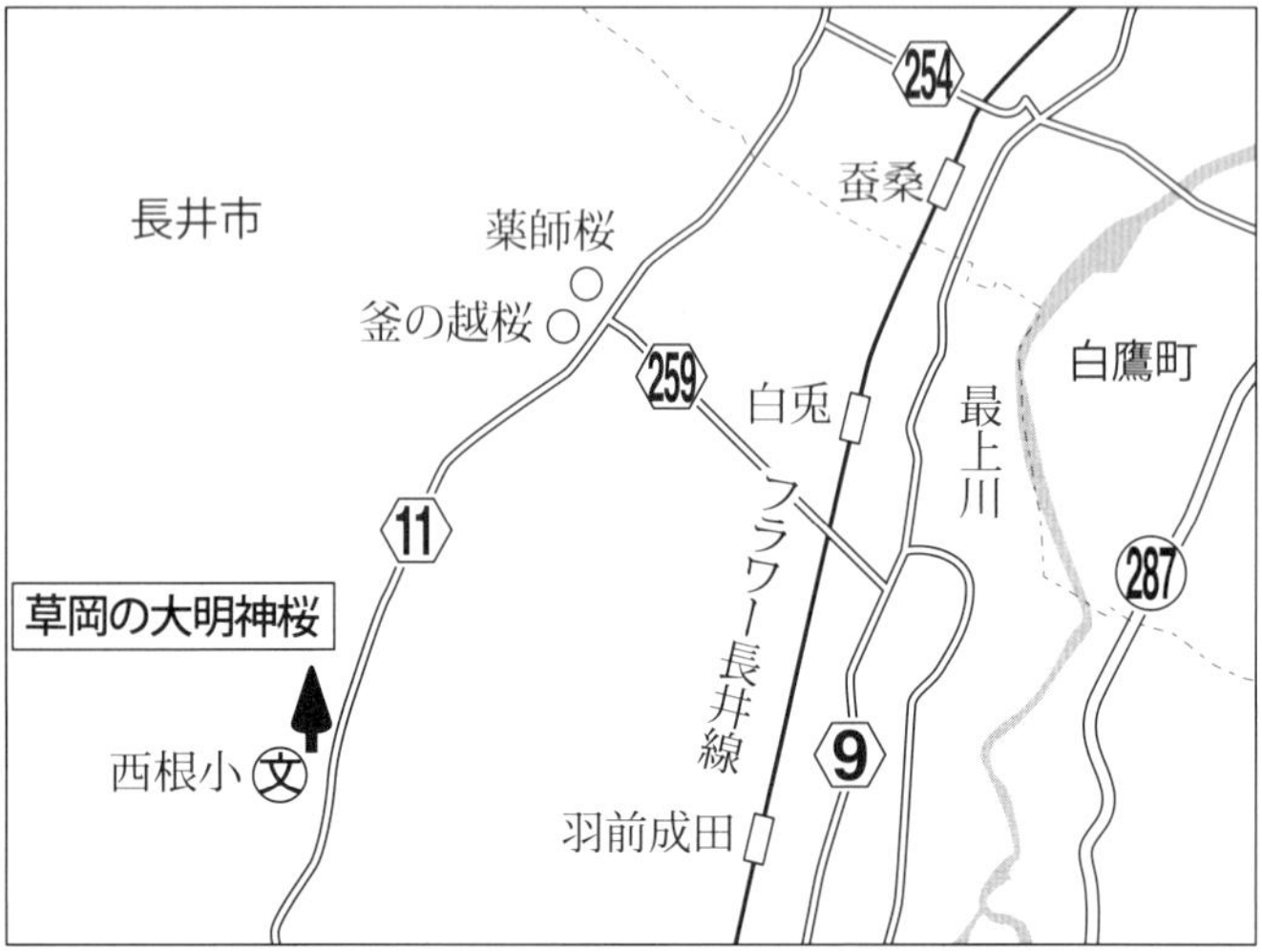

た。向かって右側が三春滝桜。左側が山高神代桜。どちらも国指定天然記念物。三本の国指定天然記念物は、やがて艶麗に生長しこれ以上ないほどの華やかな空間になるに違いない。

近くには源義家伝説のある「釜の越桜」（樹高二十メートル、幹周六メートル）、老木で風格のある「薬師桜」（樹高十メートル、幹周八・二メートル）、淡紅色の可憐な花を付ける「久保桜」（樹高十六メートル、幹周九メートル）と、長井市だけでも桜回廊は十分愉しめる。春爛漫の頃訪れてみたいが、どちらかと言うとわたしは一人で静かに愛でるのが好きだ。

大井沢の大クリ（県指定天然記念物）

幹周も実の味も日本一

西川町大井沢字桐の木久保

午前中の雨の確率七〇パーセントの予報が当たり、西川町は雨になっていたが、大クリ（シバグリ）近くの駐車場に着いたときはだいぶ小降りになってきた。傘を差し長靴履きで歩を進めること四〜五分。目指す大クリが現れそれと同時に、今までの天候が嘘のように日差しが出てきた。高い降水確率でよもや晴れてくるとは思いも寄らず、これも大クリの計らいかもしれない、と半ば本気で思ったぐらい一転しての好天となった。

緩やかな斜面にしっかり食い込むように、そして前方の山々を見霽《みはる》かすように大クリは巍《ぎ》然《ぜん》と立っていた。厳しい風雪に耐えてきた証なのであろう、ゴツゴツして鋼《はがね》のような幹には地衣類がへばり付き、案内板の言う「日本一の大クリ」にふさわしい風貌もしている。途中からクリの実が落ちているのに気付いていたが、根元周囲には驚くほど沢山落ちていた。こんな大きなシバグリの実を見るのは初めてだし、予想もしなかった状況に何やら胸が躍ってきた。

実の落下は、昨夜来の風雨によるものだろう。イガからはみ出したもの、イガの中にあるもの、まだイガが開かないもの……と夥しい数だ。約八百年にわたって子孫を残すために営々と繰り返されてきた自然の摂理は、人間にとってこの上ない恵みともなる。

大クリに逢うことばかり考えていてここに来るまで実のことは全く眼中になかった。しかし、沢山の実を前にして、採集の本能が覚醒したというか、少しばかり自然の恵みを分けてもらうことにした。

瞬く間に上着の両ポケットはクリで一杯になり、袋を持参しなかったことを悔やむ。でも、その方がむしろ良かった。山の恵みは何も人間だけのものではな

樹高15メートル、幹周8.5メートル、推定樹齢800年

く、いやむしろ山に棲息する様々な生き物たちのものであり、人間はそのおこぼれの一部を享受しているに過ぎない。それがいつの間にかそのことを忘れ、山の幸を根こそぎ採ってしまう輩が多くなってきた。わたしも反省しなければならない。

　熊もここに来て恩恵に預かるらし

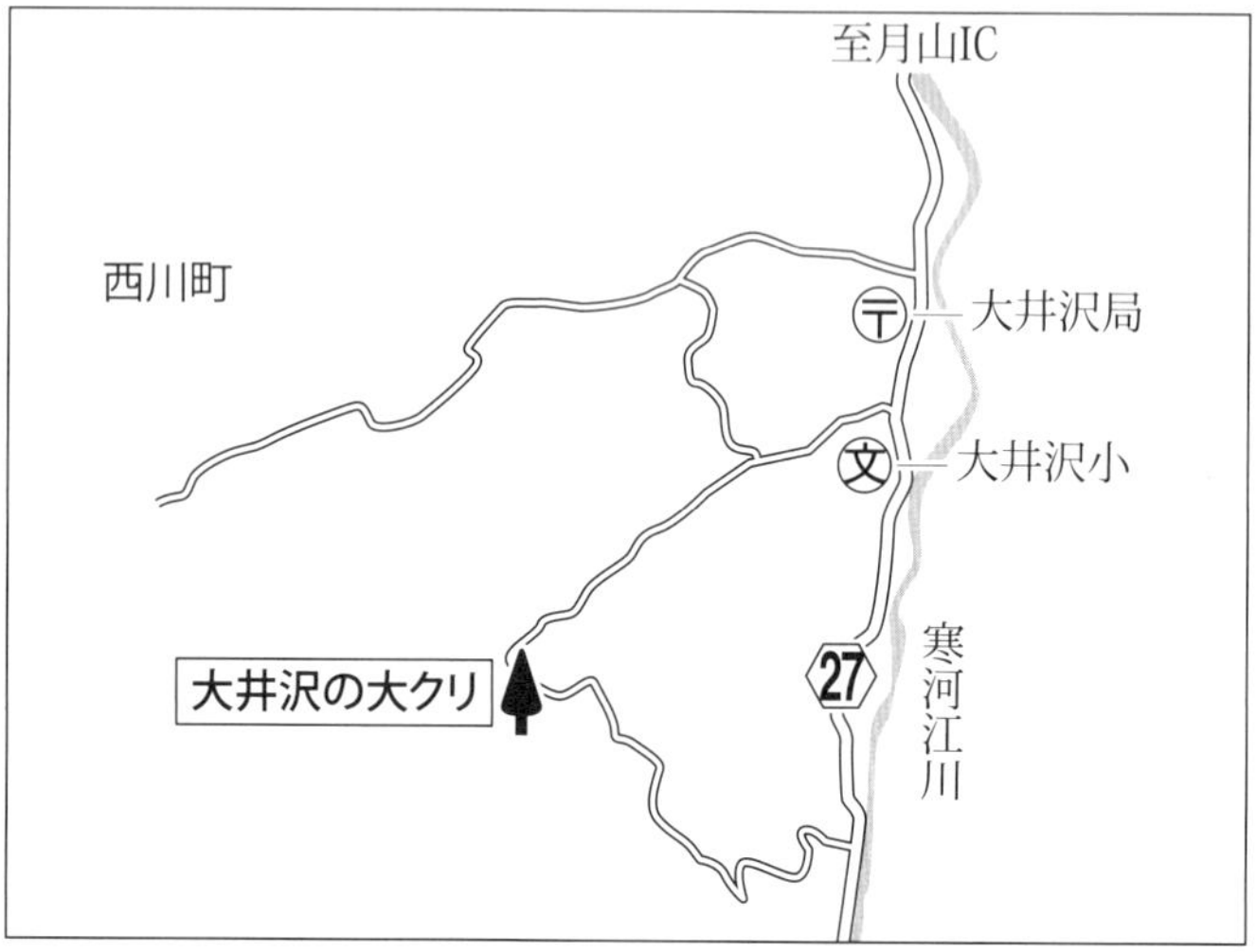

く、そのときは気付かなかったが、幹には熊の爪痕も残っていると後日ある雑誌で読み、一瞬背筋が寒くなった。帰り際、ふと前方の山並みを見ると、稜線上に鮮やかな虹がくっきりと出現。これまた大クリのお膳立てとしか思えない演出のようで、ただ大クリに感謝である。

戦後、この付近一帯の自然林は製炭用の原木として多くのクリの木が伐採された。しかし、大井沢のクリはあまりにも巨樹のため伐採を免れたという。一九九六年、「巨樹の会」によって、「幹周り日本一のクリの木」と判断され巨樹情報『東京都奥多摩巨樹の里だより』にて全国に発表された。頂いたクリを帰宅して早速茹でてみた。タレントのコメントではないが、「お・い・し・い」のひと言に尽きる。これぞ日本一の味だ。

岩神権現のクロベ（村指定天然記念物）
シダも着生　老樹の貫録

大蔵村赤松

「岩神権現」と「クロベ」、どちらも興味をそそられる名前だ。それらの名前につられて初秋の匂い漂う季節に訪れた。クロベは、日本特産のヒノキ科常緑高木で別名ネズコ。樹名は知ってはいたが、実物を見るのはこれが初めて。

国道458号から県道30号を通り赤松小学校を目標に進む。小学校から少し南へ行った里山すその斜面にクロベはしっかり根を張り立っていた。クロベの前面には舗装された広い駐車場、その前方には稲株が整然と並ぶ田んぼが見渡せ、比較的手軽に出逢える場所として、条件は良い。

県内最大とされるクロベの幹は、根元から大きく分かれる株立ちで、クロベの樹種としては珍しいらしい。樹勢良く伸びる枝は駐車場までグーンと張り出し、シダ類や落葉樹類がしっかり着生した幹は老樹の貫録を示す。外見は何でもないように見えたが、幹裏側の地上五～六メートル付近まで空洞化が進行しているのを見てちょっと心配になった。風で倒木などという目に遭わないよう踏ん張ってくれるといいが……。

クロベには次のような伝えがある。葉山参拝に向かっていた村人たちが、突然土砂崩れに巻き込まれ諦めかけていたとき、どこからともなく大きなクロベが滑り落ちて来て村人たちを救った。

クロベの左側に立つ大杉は、「岩神権現杉」（樹高約二十七メートル、幹周約七メートル）。この杉には次のような伝えがある。いつの時代か一人の修験者が葉山へ参詣の往路、この地に差し掛かったところ、大きな杉の木に権現様の姿が現れた。これは葉山権現の姿ではないかと、その神々しさに深く心を打たれ、この地で長く修行した、それ以後、村人たちはこの杉を権現杉と呼び神木として祀るようになった。

また、古くからこの辺りは三本杉前と言われ、そのうちの一本と思われる大きな切り株が昭和中期頃まで輪郭が存在していた。残る一本の所在は

樹高25メートル、幹周12.2メートル、推定樹齢200～300年

確認できないという。

次のような伝えもある。江戸時代の頃にこの一本の杉を伐ったところ、伐り終わっても倒れないどころか、切り口から血のような真っ赤な樹液が流れ出た。この光景を見た樵《きこり》の棟梁は戦慄を覚え自らも神仏に念願し、やっと倒すことができた。

切り倒した大杉を筏に組み川を下って酒田の港に運ぶことにした。途中何事もなく港に着いた。

船頭がホッとする間もなく、突風にわかに巻き起こり筏を上流へ上流へと押し戻してたちまち見えなくなり、その後懸命に捜したがとうとう発見できなかった。この不思議な話を聞いた村人は驚き、残された杉へなお一層の信仰を深めるようになったと言う。残された現在の杉も一九七一年頃、道路改修のため伐られる運命にあったが、住民の強い願いもあって残され、今日に至っている。

葉山信仰の伝わる地に伝説とともに生きるクロベと大杉。今も地域の人々から崇敬の念を持って親しまれているのは、言わずもがなである。

幻想の森の大杉

異様な樹形まさに幻想

戸沢村山の内

誰が名付けたか「幻想の森」。その呼び名に、一体どんな場所で、どんな姿態をした巨樹が存在するのだろうかと、期待と想像も膨らんでくる。

最上川と平行して走る国道47号とＪＲ陸羽西線。この付近は最上峡舟下りともなるところ。陸羽西線高屋駅から戸沢村に向かって間もなくの右側に「幻想の森」の案内標識がある。ただし意外と見つけにくいので注意したい。

段差のある入り口を注意深く入る。陸羽西線の鉄橋をくぐり、狭くて傾斜のある土湯沢林道の未舗装の悪路を、不安を抱きながら進むこと約二・六キロ。行き止まりには五～六台駐車できるスペースがあり、その奥一帯が幻想の森となる。

エンジンを止め車外に出る。小雨降る生憎の天候のせいか不気味なほど静かだ。木々の匂いや草いきれが立ちこめた空間から異様な雰囲気が伝わってくる。それは、天候のせいばか

りではなく、何と言っても奇異な樹形群に負うところが大きい。

真っ直ぐ伸びた姿から付けられた「杉」という名前とは裏腹に、ここにはどれ一つとしてすらりと直立した杉は見当たらない。いずれも不自然な、いやここではそれが自然な姿なのかもしれないが、一般的な杉の樹形ではない。独特で異相とも言える樹形は、見る人に様々な想像と幻想を駆り立てる。「幻想の森」という名は差し詰め、そんなところから生まれてきたのではないか。

ここの杉樹群は、昔から最上峡一帯に分布している天然杉で、「山ノ内杉」「土湯杉」「神代杉」「仙人杉」などとも呼ばれている。優に千年ものときを生きてきたとされる多くの老樹は、地上二、三メートルの幹付近からタコ足状に分かれ、太いものは幹

樹高30メートル、幹周18.5メートル（最大の木）、樹齢不明（1000年とも）

周りが十五メートルにも及ばんとする。枝葉が細く、地上四メートル付近から伐っても枯死しないと言われているのが、何とも不思議だ。

　芦生杉《あしうすぎ》とも言われる杉樹群は、日本には屋久島と最上峡にしかないという説もある中、ここには裏日本特有の芦生杉型の樹形を持つ老樹が多量に残存し、かつ

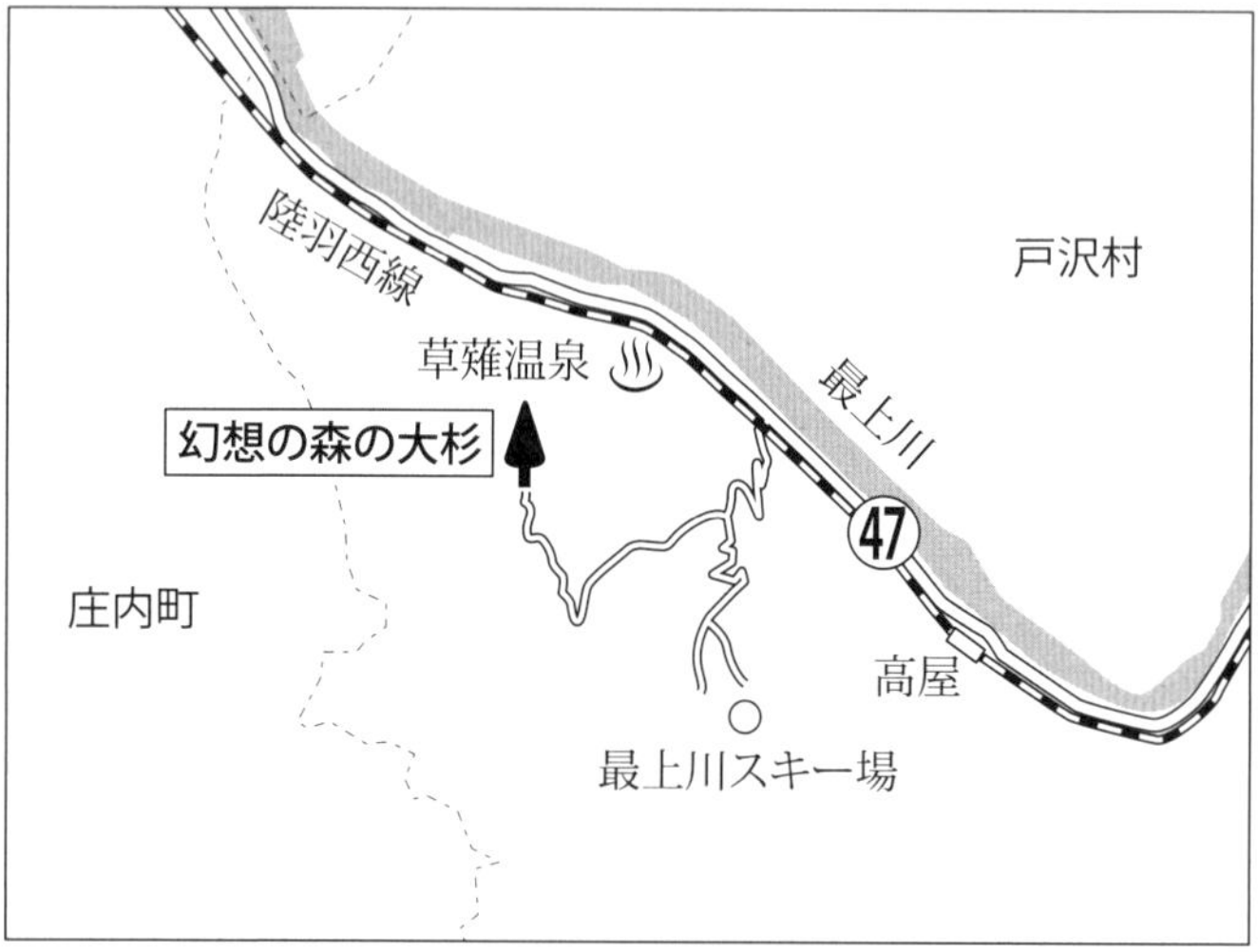

林床にユキツバキを持つ点で、他に類例の少ない群落として貴重なところとされる。

小雨交じりの中での大杉との出逢いは心なしか寂しく、そして幻想の森全体が暗く沈んでいた。今日とはまた違った様々な幻想が広がっていくことを期待しながら、次は陽光の下での出逢いをゆっくり愉しみたい。

小林不動杉（市指定天然記念物）

逞しい根元脇から湧水

酒田市小林字村中六三

山あいを走る県道363号沿いにある小林地区。その里山の杉林に、ひと際目立つ大杉が姿勢良く屹立《きつりつ》している。不動堂の真後ろに立つため、「不動杉」の名称は分かりやすく、不動明王同様地域から崇敬されてきた。

幹は、中ほどから二つに分かれ、そのまま天に向かい高々と伸び上がる。不安定な山際斜面に踏ん張って立つため根元は不自然な形をし、そのことが根をがっしりと地面に食い込ませ、根回りを太く逞しくしている。しかし、山側の幹は枯れ死状態で何とも危なっかしい。一方の里側の幹は地上五メートル余のところからさらに三本に分枝し、そのうちの二本が直立して張り、山側と里側の樹勢に大きな差がある。

根元脇からの湧き水は小さな滝となって流れ落ち、ささやかで軽やかな音を奏でる。その音は、静まり返った里に心地良く響き、身も心もスッキリしてくる。不動杉もこの小さな滝

の音をきっといとおしんでいることだろう。

瓦屋根で覆われた不動堂内は暗くて不動明王の存在は定かでなかったが、鋭い眼差しがこちらを見ているような気はした。大杉があったからそこに堂宇が祀られたのか、堂宇を建立した記念に杉が植えられたのか。どちらにしても永年にわたって大杉とお堂は共存し、ともに人々に親しまれてきたことは確かだ。

滝あるところに不動明王が祀られることが多いのは、滝は山岳信仰と密接な関係を持ち、かつては信仰の対象、神聖な場所として滝周辺に神を祀り、穢《けが》れを清める方法として水行や滝行が行われてきた。鎌倉期になると、山岳信仰の担い手である修験者の崇拝対象である不動明王と結び付き、さらに室町期になると修験道の本尊の位置を占め、江戸期になると修験道の本尊

樹高 35メートル、幹周 13メートル、推定樹齢 800 年

の大部分が不動明王となってくる。そのような経緯から滝周辺には不動明王を祀る不動堂が建立されたという。すると、いかに小さな滝とはいえ、ここの主役は滝ということになるのか。それにしてもこの滝での水行・滝行が不可能であることは一目瞭然。いずれにしても「滝」「大杉」「不動堂」の三位一体からなる神聖な場所であることに変わりはない。

旧平田町は杉の名の付く地名があることからも良質な杉の産地として知られ、また町の木には杉を定めた。この不動杉の根回りについては『出羽風土略記』に、鹿島の巨杉の根跡とほぼ同じ大きさの天然杉——と記載されているところから、推定樹齢八百年とされている。ただし鹿島の杉の存在は不明だ。周囲はきちんと整備され、不動杉に対する地域民の思いが手に取るように伝わってくる。

添川《そえがわ》の根子《ねっこ》杉（県指定天然記念物）

幹8本が並立して直上

鶴岡市添川字米山

巨樹巡りをしていると、どうしても場所を尋ねることが多くなる。今まで何人もの人たちに尋ね、その都度親切に教えていただいた。この杉も山中深いところにあるためもちろん詳細な地図などない。いつも通り、勘を頼りにおおよその見当を付けて行くしかなかった。山中のことゆえ、道を間違ってしまうと危険でもある。確かな道を確認したいところだが、山間地ゆえ尋ねる人を見つけるのは容易ではない。

添川地区を何度か行ったり来たりしていると、道路脇に草むしりをしている男性がいた。年の頃は七十前後。幸いなことに根子杉を詳しく知っている方だった。現在地からはやや複雑な道をたどるらしく、小雨降る中、地図を書いて説明してくれた。狭い山道で勾配もありちょっと難儀であるという。わたしの車を見て、「四輪駆動？」と聞いてきた。「いえ」「大丈夫かなぁ。いい車のようだし、もったいないなぁ」と、購入して一年目の車のことを心配

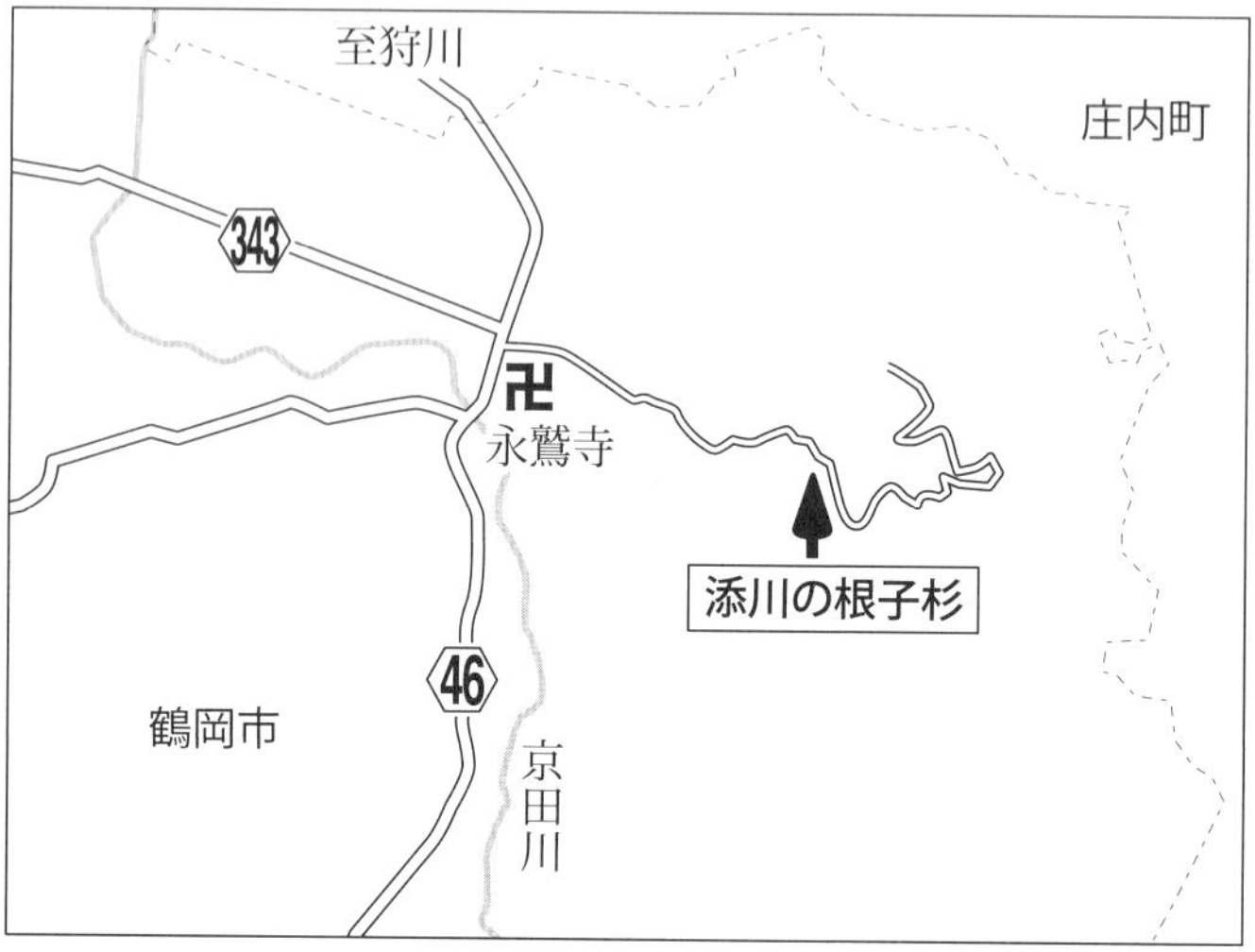

してくれる。さらに「傘はあるの？」と、雨具のことも心配してくれた。別れ際、「くれぐれも気を付けて」との言葉には、つくづく有難いと思った。

　悪路の山道を進むこと約二キロ。駐車スペースから、左側に沼を見ながら杉林の中を五～六分歩くと、切り開かれた空間に異相としか言いようのない姿をした杉が忽然と現れる。幹は、横に膨張したように膨らみ、地上約一メートルの高さで接合し、上部は数本に分かれ細いものも含むと都合八本の幹が並立して直上している。周囲の草木は刈り払われて整備されているせいか、根っこから直上した八本の異形は一層際立って見える。

　村人はこの木に霊威を感じ、神が宿る巨樹として畏怖と畏敬の念を抱いて祀ってきたとして

樹高 35メートル、幹周 13.7メートル、樹齢不明

もちっとも不思議ではなく、その証拠に「山大神」と書かれた小祠が根元に祀られる。

小さな子どもがすっぽり入れるような根元の空洞は、漆黒の闇が訪れると、小動物の塒《ねぐら》に絶好の場所となり、ときには塒をめぐる動物たちの諍《いさか》いが繰り広げられているのかもしれない。

麓にある両所神社は、鎌倉幕府の出羽国探題として派遣された梅津中将が、添川館の守護神として「大物忌神」「月山大神」を祀って創建されたとされる。そのご神木である根子杉から両所神社へ至る道の「嫁出し坂」と呼ばれる急坂は、嫁に薪を背負わせて下ろすと、「二度とこの坂を下りたくない」と家を出てしまうほど急なことから名付けられたという伝えがある。

帰り際、首を思いっきり反らして杉の上部を見上げてみた。薄暗い森の中に黒々とした枝を無数に広げる様は、まるで千手観音の手のようにも見え、あまねく衆生を救う頼もしい存在に思えた。

熊野神社の大杉（国指定天然記念物）

落雷にもめげぬ生命力

鶴岡市水沢字熊野前五三

大杉は熊野神社の真後ろにあるため、神社参道から入ることになる。そこに至る用水路に沿った細い道は、キンモクセイのほんのりとした甘い香りが漂い秋色を濃くしていた。ただ、神社入り口はうっかりすると見過ごしてしまうほど狭くて目立たない。

参道入り口右側に、一九二七年に内務大臣より指定されたのを記念して立てられた大きな石柱が立つ。権威を示すかのように「天然記念物熊野神社ノ大杉」と刻されている。左側の古くなった掲示板には、

一、この巨木は石山の大杉（熊野神社の大杉）といって国が指定した天然記念樹です。
一、この樹は根回り十六メートル、目通り約十メートル、樹高は三十五メートルあります。
一、この樹は県内外でも杉では珍しい巨木です。

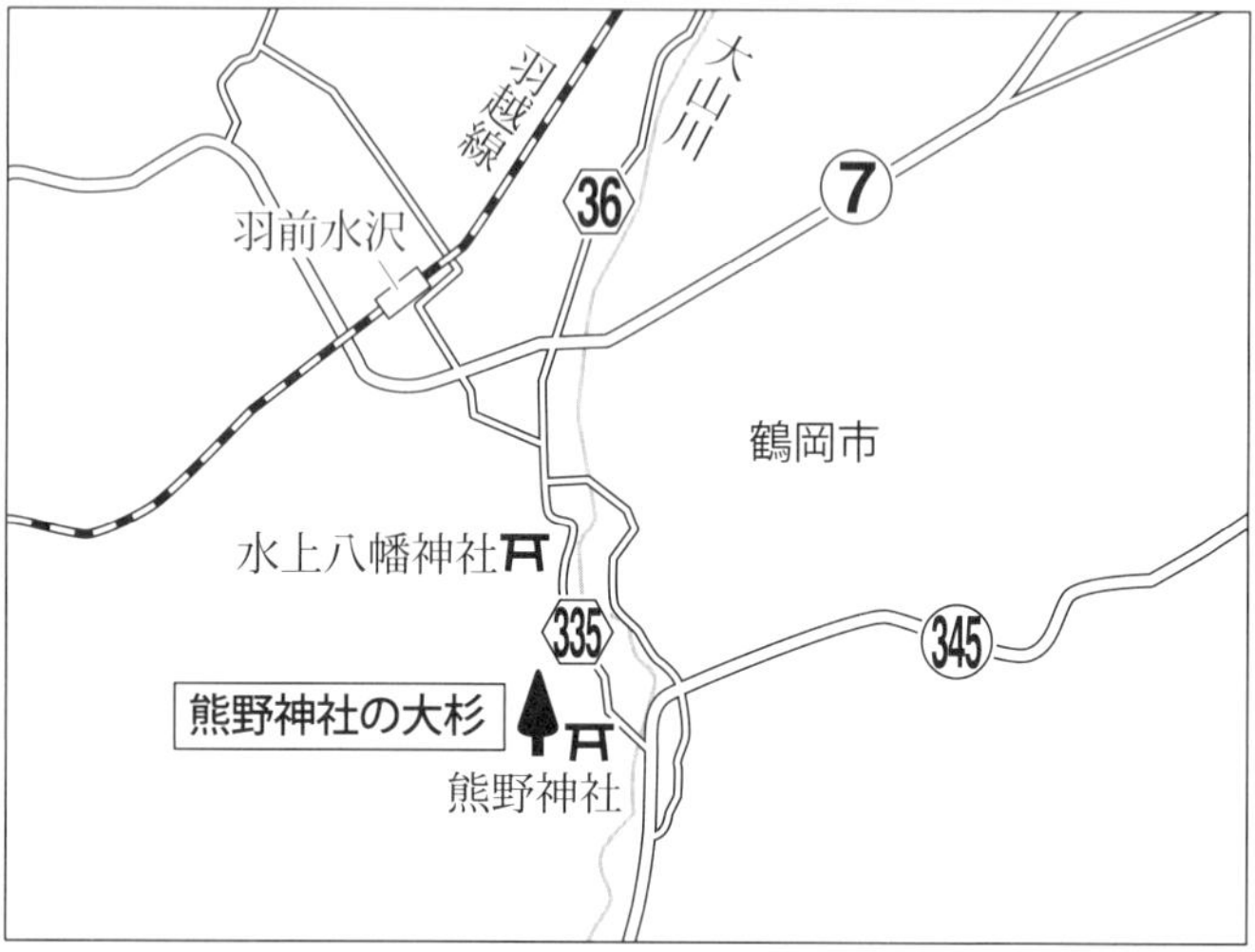

一、樹の皮をはいだり傷をつけることのないよう注意しましょう。

一、先祖が残した大切な財産です。後々まで護り伝えましょう。

との注意書き。石柱もそうだが注意書きも珍しい。しかし、もっともなことが書かれているだけで、それは大杉に対する地域の人々の思いと崇敬の念からなのだろう。

　滑りやすい苔むした石段を二分ほど上ると熊野神社が現れ、大杉はその真後ろから守護神の如くぬっと顔を出していた。里山の緩やかな斜面に立つため、北側は南側より一・二メートルばかり身の丈が高くなっているという。一九二七年、「史蹟名勝天然記念物保存法」による天然記念物の指定を受けた当時は、高さ四十五メートルに達す

樹高 24メートル、幹周 10メートル、推定樹齢 1000 年

る県内随一の巨樹であったとされる。ところが一九三二年十一月に落雷。そのため大杉から発火し、地区民が決死の消火活動を行って、かろうじて焼失は免れた。一九五七年十二月には暴風雨によって再び被害を受け、主幹は約二十四メートルの高さで折損し、かつて県内随一とされた高さを見ることはできなくなった。けれど樹勢はいたって旺盛で雄々しく屹立する。

　近くに鎮座する水上八幡神社の社伝によれば、延長年間（九二三～九三一年）に源義家が石山大杉の下に同社を勧請した――とされていることから、熊野神社の大杉の樹齢も千年は下らないものと推定されている。

　二度の災難にもめげなかった推定樹齢千年の生命力に、地域民が神宿るご神木として崇敬の念を抱くのも至極当然のこと。その役割をしっかり担うように生き生きと天に聳える大杉の姿には、気高ささえある。

山五十川《やまいらがわ》の玉杉（国指定天然記念物）

幹にある瘤は神か仏か

鶴岡市温海町山五十川字碓井二六六

鶴岡市郊外の国道３４５号沿いにある矢田川温泉。温泉街を過ぎトンネルを出て間もなくのところに、山間をぬうように日本海方面へ抜ける県道61号が走り、その途中に静謐《せいひつ》な山五十川地区はある。

山戸小学校を少し過ぎたところにある大杉の標識を左手に入り、さらに大きな標識に従って狭い道路を進むと熊野神社入り口に差し掛かる。そこは樹姿が球形なところから名付けられた「玉杉」への入り口ともなる。

玉杉を見学する人々の便宜を図ってのことだろう、トイレも完備され駐車場もすっきり整っている。トイレ外壁に、玉杉に対する地区民の敬慕の気持ちの表れなのだろう、玉杉に関する伝説や謂《いわ》れなどが書かれた看板が下がっていた。それにしてもびっしりと字が並び、読むのにひと苦労する。

熊野神社の参道は、百二十段余の急勾配の石段からなり、それは決して楽な道のりではなく、少々の息切れは覚悟しなければならない。里山中腹斜面に悠久の昔から動きもせず、ずっとそこに根を張って立つ玉杉はきっと温かく迎えてくれるはずだから、忙しく登る必要は全くない。周囲の山里の景観を眺めながらのんびり登ればいい。

玉杉からの眺望は良く、眼下に集落が望める。と言うことは、集落からも場所によっては玉杉の姿は見えるはずだと思っていると、案の定、お盆の時期だけライトアップされ、その光景は集落西の公園付近からよく見えるという。

玉杉の周りは根元を踏まないで周回できるよう木道が整備され、三六〇度の角度から樹形を見ることができる。それは玉杉からもしっかり

樹高 36.8メートル、幹周 11.4メートル、推定樹齢 1500 年

と見られてもいるということで、まさに「人、木を見、木、人を見る」である。

幹のあちこちにある大きな瘤。その盛り上がった状態をじっと見ていると何やら人面に見えてくる。見る人によっては、神や仏、あるいは動物の顔に見えるかもしれない。

玉杉近くに、およそ四メートルに生長した二代目玉杉の記念樹が植栽されていた。枝張りが東西に四十四メートル、南北に三十メートルと樹勢極めて旺盛な玉杉も、いずれは寿命を迎えるときが必ずや来る。それが五百年先、いや千年先のことになるのか、誰にも分からない。そのとき、記念樹として植樹された幼木は立派な巨樹に生長し、やがて玉杉と入れ替わるように世代交代が図られていくことだろう。

杉後方の堂宇は熊野神社本殿。かつては根元近くにあったが、根の生長とともに本殿が著しく傾斜してきたため現在地に遷《うつ》されたという。巨樹の力恐るべし。

記念樹近くの小さな湧水場所から、生命を育む源となる清冽な水が流れている。耳に心地良い音が、森厳な森に吸い込まれゆっくり消えてゆく。

権現山の大カツラ のしかかるような迫力

最上町権現山中腹

平坦な林道を走ること約二キロ。入り口を示す案内板には、「所要時間約四十五分」とあった。山道の四十五分、結構な道のりだなぁ——と覚悟を決めて、一歩を踏み出す。

登り始めてまだ十分というのに息が上がってきた。ここまでほぼ直登の道のり。おまけに登山道途中の涸れ沢は大小の岩だらけで何とも歩きにくい。急勾配なためほとんど足元を見ながらの登攀が続く。

落下したトチの実がたくさん転がっている。かなりでかいのもある。「トチ餅」「トチ羊羹」などの食べ物が浮かんでは消え、この山に棲息する動物たちの食料にもなるのかな——などと、思い巡らしながら気を入れて、一歩々々踏み締めひたすら歩を進める。

「あと十分」の標識のところで何度目かの休息。心臓はバクバク。大きく呼吸し振り返って眼下を見ると、梢の間から黄金色の稲穂輝く田園風景が覗き、思いも寄らぬ初秋の景色が一服の清涼剤となる。

前傾姿勢の角度は強くなり目はもう足元しか見ていない。その状態で六〜七分は登っただろうか、ふと顔を上げた目の前に、カツラは巍然《ぎぜん》と立っているではないか。登ることだけに集中し、直前までカツラの存在に全く気付かなかった。それだけに、立ち塞がらんばかりに現れた厳しく荒々しい姿態を見たとき、その巨体に圧倒され息をのむ思いがした。

今まで出逢ってきたほとんどのカツラは株立ちの姿。幹周の数値は大きかったが、迫力はいまひとつだった。でもこのカツラのでかさは今までとは全く違う。単幹であるが故か、殊更に大きく感じる。斜面に立っているこ ともあるのか、樹下から見上げると、圧《の》し掛かってきそうに迫り来る。幹は幾本かに分かれ枝葉も四方に伸び樹勢は

樹高40メートル、幹周19.2メートル、推定樹齢数百年

いい。しかし、幹内部は空洞化し、それは幹中央部まで進行している。

　根元の洞《うろ》は大人が直立できるぐらい広く、それは風倒木という最悪の状態に遭遇する確率が高いことを示す。生育には決して良い条件とは言えない急斜面に立ち、それを支えるため無数に張り巡らされた太くて逞

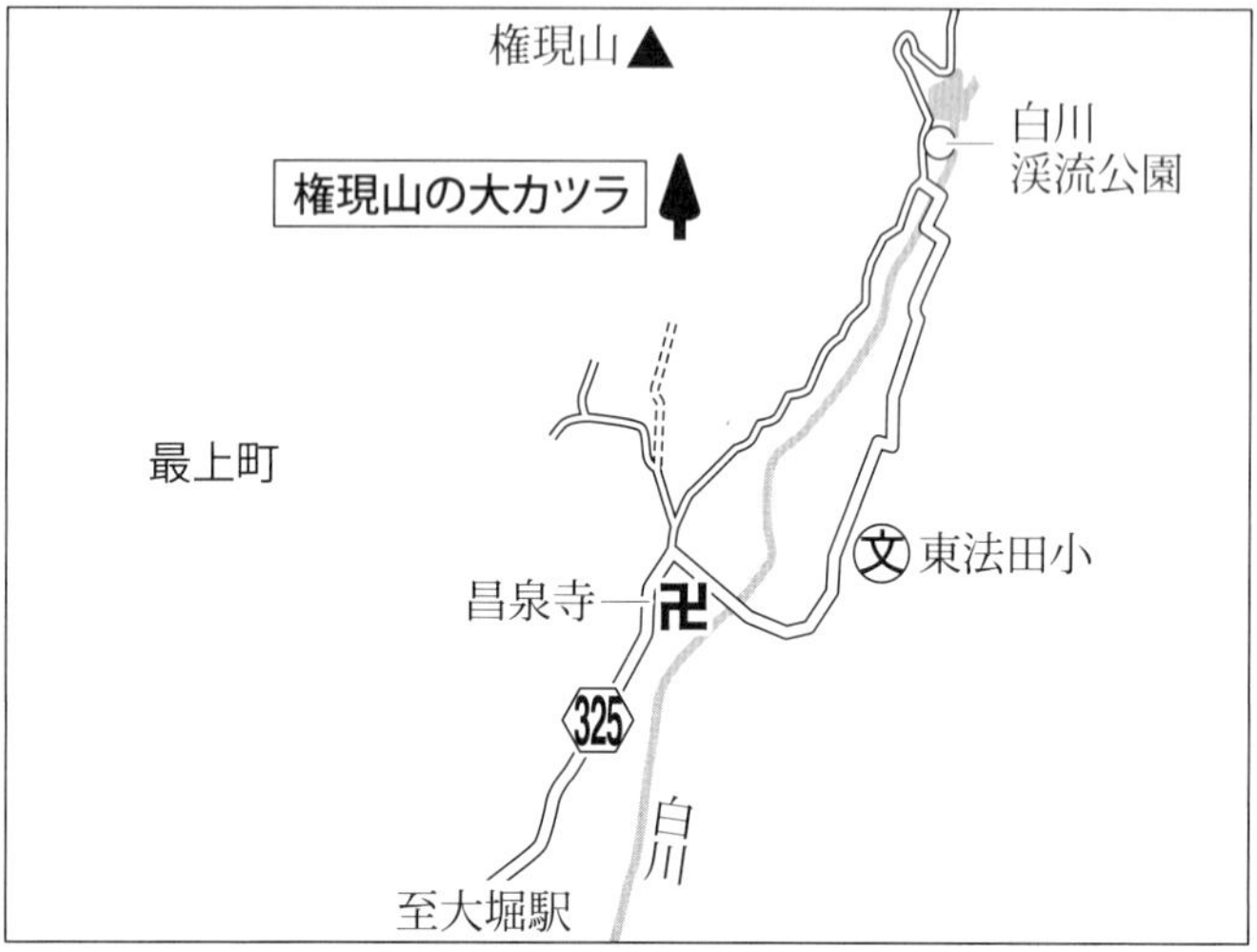

しい根に、精一杯の踏ん張りを期待するしかない。

　樹下周囲の林床一面にはシダ類が、そして大カツラを遠巻きに囲むように大小の落葉樹が林立する。この森の中には、今わたし以外の人間は多分いないだろう――と思いながら、一人大カツラの下で昼食を摂る。時折カサッと落下する葉の音が森閑とした中に吸い込まれ、孤独感はさらに増幅する。大カツラ前面に広がる落葉樹がすっかり葉を落とす季節、ここからの視界は開け、深まりゆく秋の遠景を見霽《みはる》かすことができそうだ。

滝の沢の一本杉（県指定天然記念物）

埴輪の腕を思わせる枝

真室川町釜淵字滝の沢

県道192号から滝野沢林道を走ること約十五分。そこは林道の終点であり、車三、四台が置ける駐車場にもなっていた。駐車場隣地の緩やかな斜面に、杉は直立不動の姿勢で、天に向かって気持ちいいぐらい伸び上がっている。下方部の枝は、上下気ままに伸びているが葉はなく、その様子から人物埴輪の腕を想起してしまう。

全体に樹勢はいいが、どうも何かもの足りない。よくよく眺めると、四方への枝張りがない。その原因は、周囲の小さな杉群にあるようだ。小杉群が左右への枝張りを遮り、四方への伸びを脅かして上へ上へと伸び上がらせたことが、このような樹形にさせたのではなかろうか。杉の四分の一ぐらいの高さに位置する駐車場から見ても、杉の頂上部はまだまだ上方にあり、根元から見上げると、とてもてっぺんは望めない。

東北の巨樹巡りの間、不思議と人と会うことはなかった。そして会いたくもなかった。永

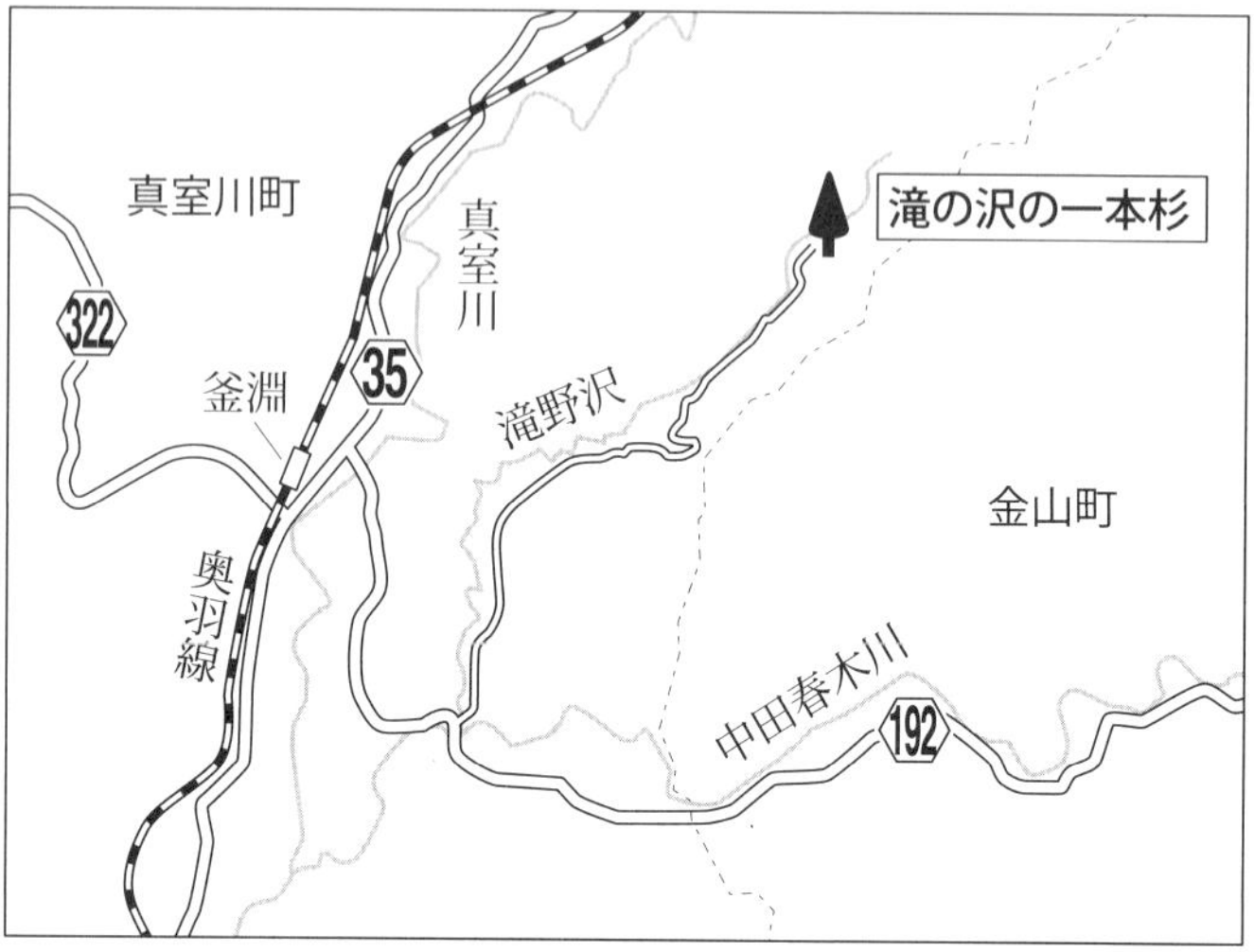

年の体験から、巨樹との出逢いを愉しむのは一人に限るからである。が、今回初めて巨樹の前で人に会ってしまった。仰々しく三脚を構えていたところから、写真撮影が第一義の目的なのだろう。わたしはただひたすら出逢いを愉しみたいだけの巨樹巡り。もちろん写真も撮るが、それは単なる記録のためであって、あくまでも巨樹との出逢いと静かなる対話を愉しみたいのである。一人の場合、それが時間を掛けてできるが、他に人がいるとどうも気が散ってしまっていけない。巨樹との出逢いは、何と言っても一人に限る。

巨樹には得てして伝説や信仰が付きものである。特に山形県内の巨樹には伝説が伝わるとともに、根元には山の神が祀られていることが多い。

樹高 49㍍、幹周 11.48㍍、推定樹齢 1000 年

この一本杉には、「昔、釜淵から後川の集落に行くには、滝野沢の山道をたどるのが本道であった。途中には、大人が七人で抱えるほどの大杉があって幹には注連縄が張られ、雨の日には格好の雨宿りにもなった。地上一《メートル》ぐらいのところには、奥行き三十《センチ》ほどの空洞があり、その中に山の神が祀られ、道行く人々は必ず参拝して行った」、また、「山の神として根元に祀られていた石を抱き込んで生長した」という話も伝わる。

巨樹には、いろいろな説話や伝説などを生み出す不思議な力が備わっている。

松保の大杉（県指定天然記念物）

山あいの田 気高く立つ

大江町小清字松保

以前、案内板を確かめたつもりで大杉に向かったものの、道に迷ってしまった。引き返して再度向かったが、あまりの急坂と雨のため断念してしまった。結局、その道は全く違う道だったことが後日判明し、今度は同じ轍を踏まないためにも案内板をしっかりと確認し、さらにガイドブックの案内の通り、県道27号沿いの七軒東小学校跡近くから大杉を目指した。

案内板に、林道八キロほど先に民家の表示があったので林道はてっきり生活道路と思いきや、生活道路とは程遠い大変な悪路だった。堆積した枯葉で道路状況の見通しは悪く、左手は断崖。おまけに狭い羊腸《ようちょう》の山道ときている。対向車が来ればにっちもさっちもいかない状況に不安は募るばかり。巨樹巡りで、これほどの心細さで走行したのは初めてだった。

下り坂に入ってようやく建物が見え、「案内板にあった民家か」とホッとしたのも束の間、廃屋と分かってがっかり。それでも里の雰囲気が少しは感じられたことに不安も半減

し、さらに下ると、今度は民家脇に出たところにトラックが駐車していて行く手を塞ぐ。前進、後退もままならない状態に、もはやこれまでかと頭は真っ白になった。そのとき、男性がトラックの陰からヌッと出てきた。驚くよりも一瞬にして不安感は解消され、安堵感に包まれたことは言うまでもない。

「大杉はすぐそこにある」と、指をさして言う。ところどころ朽ちかけた茅葺きの民家は、男性家族がかつて住んでいた家で、時折、農作業のため来ているとのこと。男性が来た道は、朝日町大暮山地区の集落まで約二キロの道のり。来た道を戻るのはもうこりごりなので、少々道は悪いと言うが、まさか来た道よりは——と思い、帰路は朝日町に出ることにした。余談ながら、朝日町大暮山地区からの方が、断然たどりやすい。ただし、車高のある車が望ましい。

民家からわずか五十メートルほど先の田んぼの中に大杉は気高く立っていた。出来秋、山あいに細々と開墾された小さな田んぼはほとんど刈り取られ、

樹高26メートル、幹周10.6メートル、推定樹齢1100年

土手周囲には稲束が干されていた。ところが大杉前の田んぼの一角だけ不思議にも刈り残され、そのコントラストの美しさが今も脳裏に焼き付いている。耕作放棄地でなかったことに、正直言って驚いた。

　大杉の主幹は、約十メートル上部で四つの幹に分かれて直上し、枝は四方に張り出して垂れ下がる。

「西側の一枝は地に接して着根し、既に親木と離れて独立している」と案

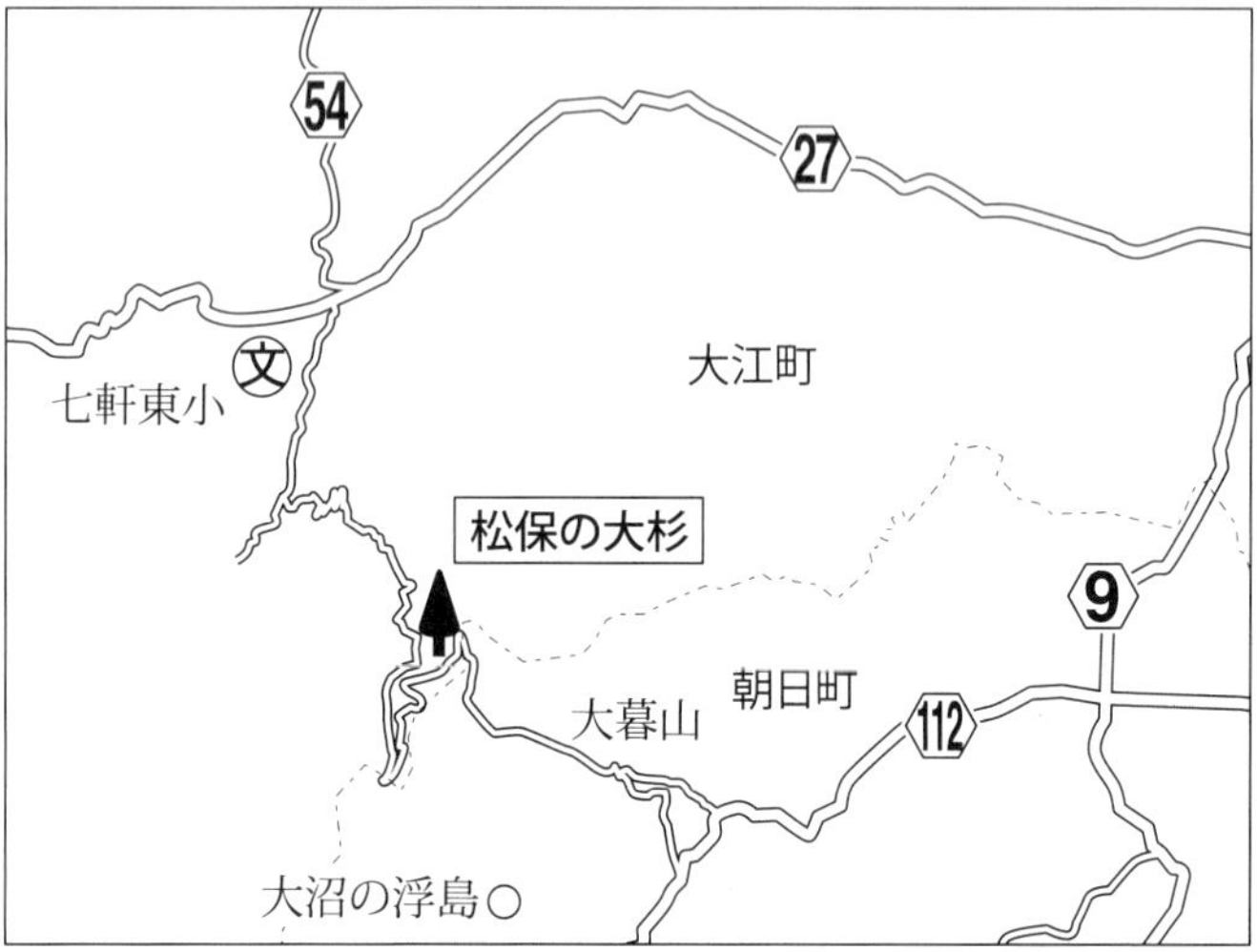

内板にあった通り、確かに西側の樹下に幹周三十センチほどの直立した杉があった。これであろうか。円錐形をなした樹冠は、遠くから見ると一樹でこんもりとした森を形成しているように見え、逞しい根元に寄り添うように山之神神社の小社が祀られていた。神の拠りしろとして、これ以上の場所はない。

　小社そばの小さな石像には、四個の栗おこわのおむすびが上がっていた。まだ新しい。もしかすると先ほど、チラっと姿の見えたおばあさんがつくったのかもしれない。つましく自然とともに暮らしてきた中に、崇敬心が脈々と繋がってきたことが伝わってくる。それも将来は、どうなることやら。冬季になればこの地に近付く人は、恐らく皆無だろう。その間、大杉はじっと一人、春を待つことになる。

曲川の大杉（トトロの木）
心和らぐ雰囲気を醸す

鮫川村曲川字小杉

幹周りはさほどでもないが、根元から三叉状に幹が分枝した枝張りは十七メートルにも及び、姿態は独特の形をしている。距離にして約二百メートルの展望場所からしばらく眺めていた。巨樹の持つ迫力や逞しさとは違って、ほんわりとした不思議な魅力が伝わってくる。杉は周囲の景観に絶妙に溶け込んでいて、とてもいい雰囲気だ。見ているだけで何とも心が和らいでくる。日本海側の裏杉に属し、最上渓谷に群生する天然杉と同種のもので、「神代杉」とも呼ばれる。近年ではアニメ映画「となりのトトロ」に出てくる動物の形に似ているということで、「トトロの木」として脚光を浴びるようになった。

幹がほとんど見えないぐらい枝は繁茂し、こんもりとして一本の樹というより、林に近い。刈り取られた田んぼに一本ぽつねんと立つ姿は、心の奥底に潜む原風景を呼び覚ましてもくれる。根元の山の神の小祠は、巨樹に対する崇敬の念と山の神信仰を物語るのは言わずもがな。この樽山大地の周囲からは縄文式土器と石器が出土している。と言うことは、この地は原始の世から古代人の住居には打って付けの環境だったのだろう。

トトロとは、「もののけ」と呼ばれ、太古より棲息している森の主。子どもにしか見えず、蒔いたばかりの種を一瞬にして木に生長させたり、回転するコマの上に乗って空を飛んだりする力も持つという不思議な生き物——との設定だ。コピーライター糸井重里氏は、「このへんな生きものは、まだ日本にいるのです。たぶん」と言う。その「たぶん」は、ここ曲川ではないのか。曲川の大杉は、大人にはちょっと変な形をした杉の木にしか見えない。しかし、子どもたちには、もしかしたら「へんな生きもの」に見えているのかもしれない。

ロマンを駆り立ててくれる魅惑あふれる「トトロの

樹高 20メートル、幹周 5メートル、推定樹齢 1000 年

木」に向かう途中、若いカップルと擦れ違いざまに何とはなしに軽く目礼を交わす。「トトロの木」の影響だろうか、幸せそうな感じがひしひしと伝わってくる。そして帰路、今度は若い家族連れに会った。小学生らしい女の子と男の子がいる。「ねこバス」やら「まっくろく

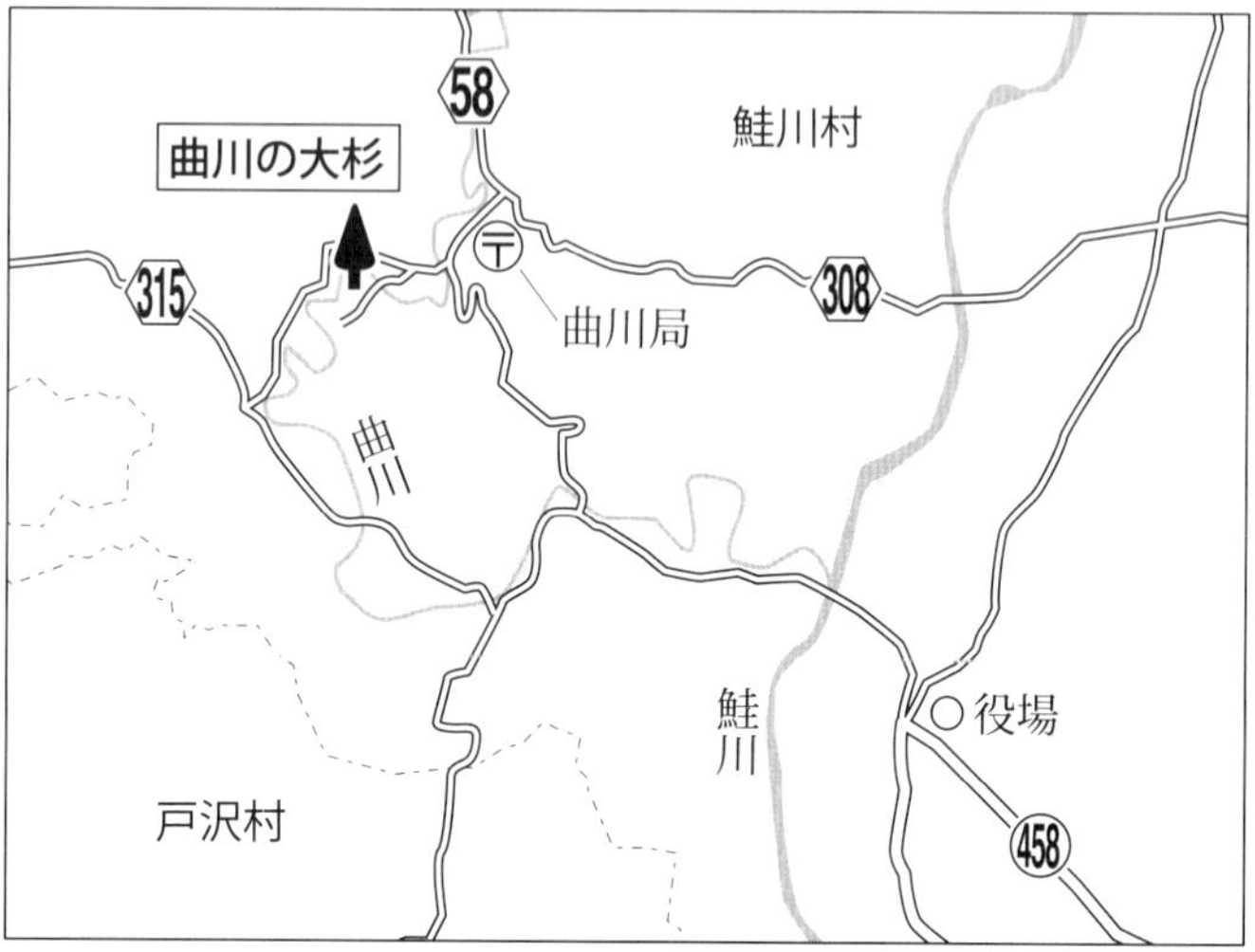

ろすけ」やら、アニメに登場する生きものたちとともに「トトロ」の話題できっと盛り上がっているに違いない。

東根の大ケヤキ（国指定特別天然記念物）

日本屈指の大きさ誇る

東根市東根字元東根本丸

東北の巨樹の中で、二度足を運んだことがあるのはこの「東根の大ケヤキ」をはじめ、二、三ヵ所と数は少ない。二度目は、近くに旅行に行った機会をとらえ、仲間たちに群を抜く大きさと独特の風貌をしたケヤキに是非相対してほしいと思い、一部ルートを変更しての出逢いだった。

場所はとても分かりやすく、東根小学校の児童昇降口の目の前に、泰然自若として立っている。その姿は遠くからでも分かるほど存在感を示し、期待も膨らんでくる。一九五七年、国の特別天然記念物に指定されたときは、樹高は三十五メートル近くあったらしい。今より七メートルあまり高いことになり、それを想像しただけでも軽い興奮を覚えてしまう。恐らく他の樹種を入れても日本屈指の大きさではなかろうか。国指定天然記念物のケヤキは全国に十六あるが、特別指定は「東根の大ケヤキ」だけである。

この地は一三四七年（正平二年）、小田島長義が築いた東根城（小田島城）の本丸跡に当たる。その昔、「雄槻《おつき》」「雌槻《めつき》」（槻はケヤキのこと）と呼ばれた二本の大槻があったが、一八八五年に雄槻が枯れてしまい、雌槻だけが残っている。山形県立林業試験場長の大津正英氏によれば樹齢千五百年以上、地上一・二メートルの幹周は十六メートル、直径は五メートルである。主幹は、地上五・五メートルの高さで大きく二股に分かれ、西南側のものがやや直上して枝を分け、東側も大きく三枝を分けて天空を覆い、その高さは二十八メートルに達する。

一九八九年五月、植物学の権威者で金沢大教授を務めた故里見信生氏が大相撲の番付表を模した「日本欅見立番付」を発表したが、「東根の大ケヤキ」は東の横綱に位置し、名実ともに日本一である——と、案内板にある。

主幹は大きく空

樹高28メートル、幹周16メートル、推定樹齢1500年

洞になっていて南北に開口し通り抜けが自由であったが、今は柵が廻され通行できない。畳二畳ほどの空洞内に焚き火の跡が残っているのは、今で言うホームレスが寝泊まりしていたためではないかという。

昇降口の上に「夢きらり　はじける笑顔　けやきっ子」の標語。

東根市のホームページには「大ケヤキは、これまで入学、卒業していった児童生徒の心の支えであり、かつ希望のシンボルである。郷里を思うとき、春夏秋冬、特に五月下旬ごろ、老樹の各枝から萌黄色の若葉が一斉に芽をふくとき、老樹の力強さに心打たれる」とある。ケヤキを思う市民の気持ちは、この文章に尽きるであろう。

ケヤキとの出逢いを愉しんでいたとき、ちょうど児童たちの下校時間とぶつかった。見知らぬ人にも「さようなら」と元気にあいさつしてくれた。標語通りの「けやきっ子」に無性にうれしくなった。ケヤキは、笑顔のはじける元気な子どもたちの声を毎日聴いている。大ケヤキのエネルギーの源は、ここにあったのか。

宮城県

丸森のイチョウ（県指定天然記念物）

庄吉観音の伝説を生む

丸森町字四反田一六

なだらかな阿武隈高地北端に位置し、福島県と接する丸森町。太平洋岸の街、福島県相馬市へと繋がる県道45号沿いの山根バス停近くに、宮城県では最大級の雄株の大イチョウが聳えている。訪ねたときは初秋の頃。葉はまだ青々と茂っていたが、黄金色になる季節は周囲の景観と相まって見事な錦秋に彩られること、請け合いだ。イチョウの傍らに古い墓地、苔むした地蔵尊、庄吉観音堂跡（現在は廃寺）など、かつて人々の信仰の場であったことが微《かす》かに窺われる。

伊具《いぐ》三十三観音第十八番札所の庄吉観音堂は、かつては巡礼者の参拝で賑わっていた小さな聖地。御詠歌にも「大空を覆えるほどの銀杏の木これや大悲のみかげなるらん」と、大イチョウが詠われている。

庶民の観音巡礼は十七世紀頃盛んになり、近畿地方中心に散在する西国三十三所札所は最も有名な観音札所として知られる。江戸時代になると西国三十三所写しと呼ばれる地域的な巡礼コースが全国至るところに誕生し、伊具三十三観音もそのうちの一つとして、当時この地方を治める為政者によってつくられた。

地方に札所がつくられた理由の一つとして、西国巡礼に行けば多額の費用が領外に流出するので、庶民の経済的負担を軽くし信仰の場を身近に確保する——という狙いが挙げられる。

庄吉観音堂に次のような伝説がある。

昔、この辺りに「仏の庄さん」と呼ばれみんなに慕われていた正直者の庄吉が住んでいた。あるとき庄吉が重い病気に罹《かか》り困っていたところ、夢枕に

樹高46メートル、幹周12メートル、推定樹齢700年

地蔵様が現れ、イチョウの下に観音様が埋まっているとお告げがあった。それを聞いた村人たちが掘ってみると、高さ一寸八分（約五・四五センチ）の観音様が出てきた。その観音様を庄吉の枕元に置くと瞬《またた》く間に病気が良くなったという。その後庄

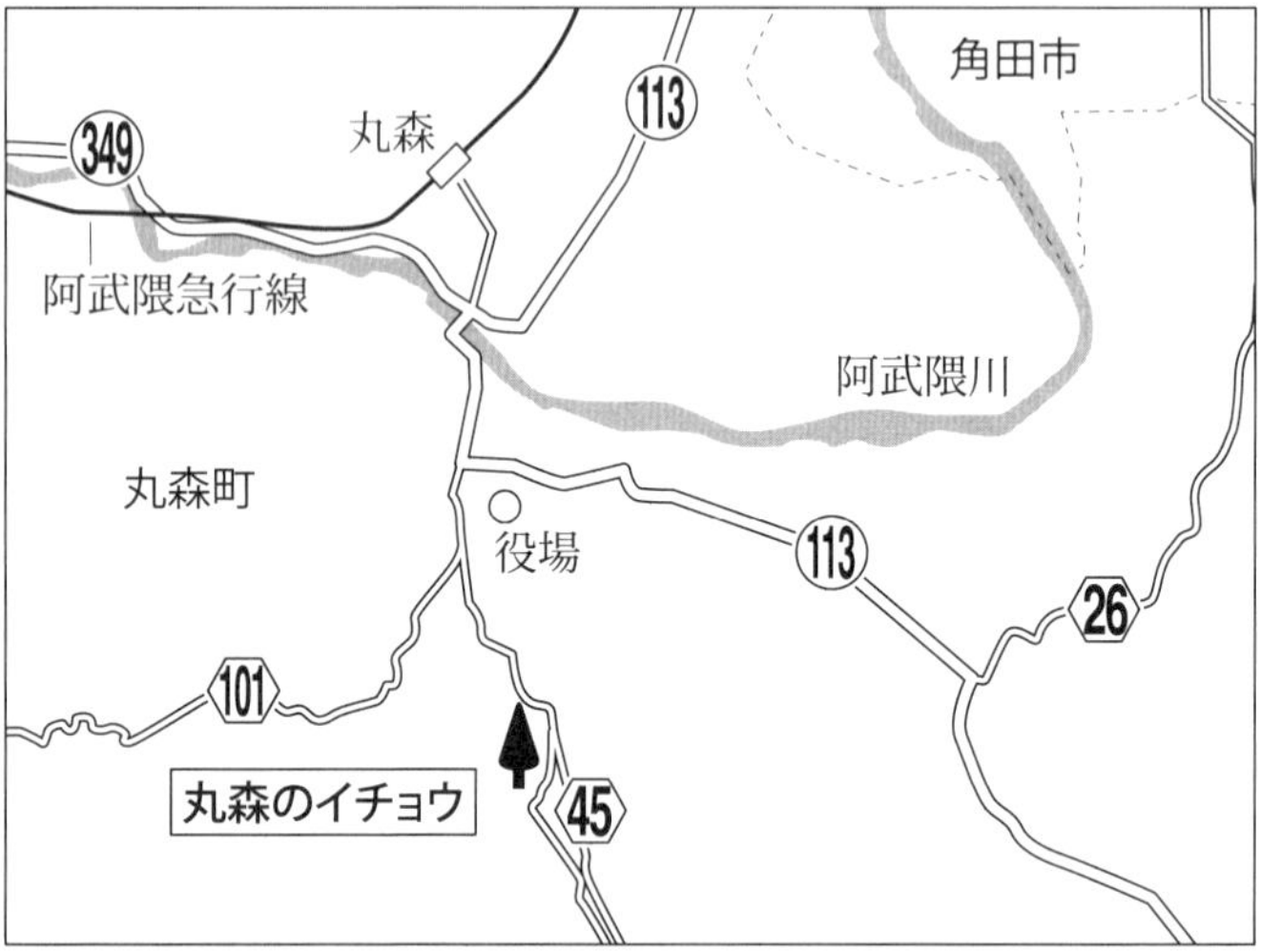

吉はイチョウの側《そば》にお堂を建てて観音様を祀った。それから誰言うとなくその観音様を「庄吉観音」と呼ぶようになったと伝えられる。

観音堂が存在し信仰心も盛んだった頃は、宗教的（修行・滅罪・死者の冥福・極楽往生祈願など）、社会的（治病・功徳・成人儀礼・厄除けなど）な目的のほかに、親睦旅行や物見遊山としてここを訪れ、イチョウの樹下で休息を取ったに違いない。

巡礼者にとっての目印であると同時に、安息の場所としても大切な役割を担っていた大イチョウが色付く頃、足の向くまま地域の三十三観音巡りをするのも悪くない。

庄吉観音は、今は丸森町西円寺の観音堂に祀られ、伊具三十三観音の第十八番札所とされている。

称名寺のシイノキ（国指定天然記念物）

隆起した根 まるで大蛇

亘理町字旭山一

国道6号を福島県から宮城県にかけて北上し、亘理町に入って間もなくの右手の丘に、こんもりとした樹叢が見えてくる。遠目に見ると林のように見えるが、二本のシイノキが三十《メートル》ほど間隔を置いて立っているだけである。近付くにつれその状況が分かってくると和名でスダジイと呼ぶシイノキの姿態に一層の期待が膨らんでくる。

掃き清められた緩やかな傾斜の参道から境内に入ると、樹冠を青々と茂らせたスダジイが本堂屋根に接するがごとく立っていた。その堂々とした姿に軽い興奮を覚え、吸い寄せられるように近寄っていた。

住職さんと思しき方が樹下を掃き掃除していた。その傍らでは小学生の子息が何やら拾いものをしている。許可を得てスダジイの撮影を済ませた後、子息に何をしているのか話し掛けてみた。シイノキの実（ドングリ）を拾っているという。

「どうするの？」「食べる」「えっ、そのまま食べられるの？」

子息は「大丈夫」と言う。そのまま口にするとてっきり「えぐみ」があると思っていたが、少し甘みがあるという。後で調べると、シイ科でもスダジイ、イチイガシはあく抜き不要でそのまま食べられ、アラカシ、シラカシはあく抜きが必要と分かった。いずれにしてもドングリを拾って食べるという光景を目の当たりにして、久しく忘れていた人間本来の原初的な行動を思い出し、ちょっとばかり感動した。

荒々しく隆々と盛り上がった板根のような根は、周囲の墓石を突き上げんばかりの勢いがあり、その姿はまるで大蛇がとぐろを巻いているようにも見える。空洞化した内部に蛇が棲んでいるという話も、まんざら嘘ではないような気がしてくる。

樹高 14メートル、幹周 10.6メートル、推定樹齢 700 年

墓地西側にある幹周五メートルほどのシイノキは、町指定の天然記念物。樹勢旺盛でこれもなかなかの巨木だ。その下に「柴田親子の墓」と称される墓石がある。案内板にはこうある。

　一六五三年（承応二年）五月のある日、亘理伊達氏二代宗実は、荒浜の鳥の海で狩猟後の宴席を設けてい

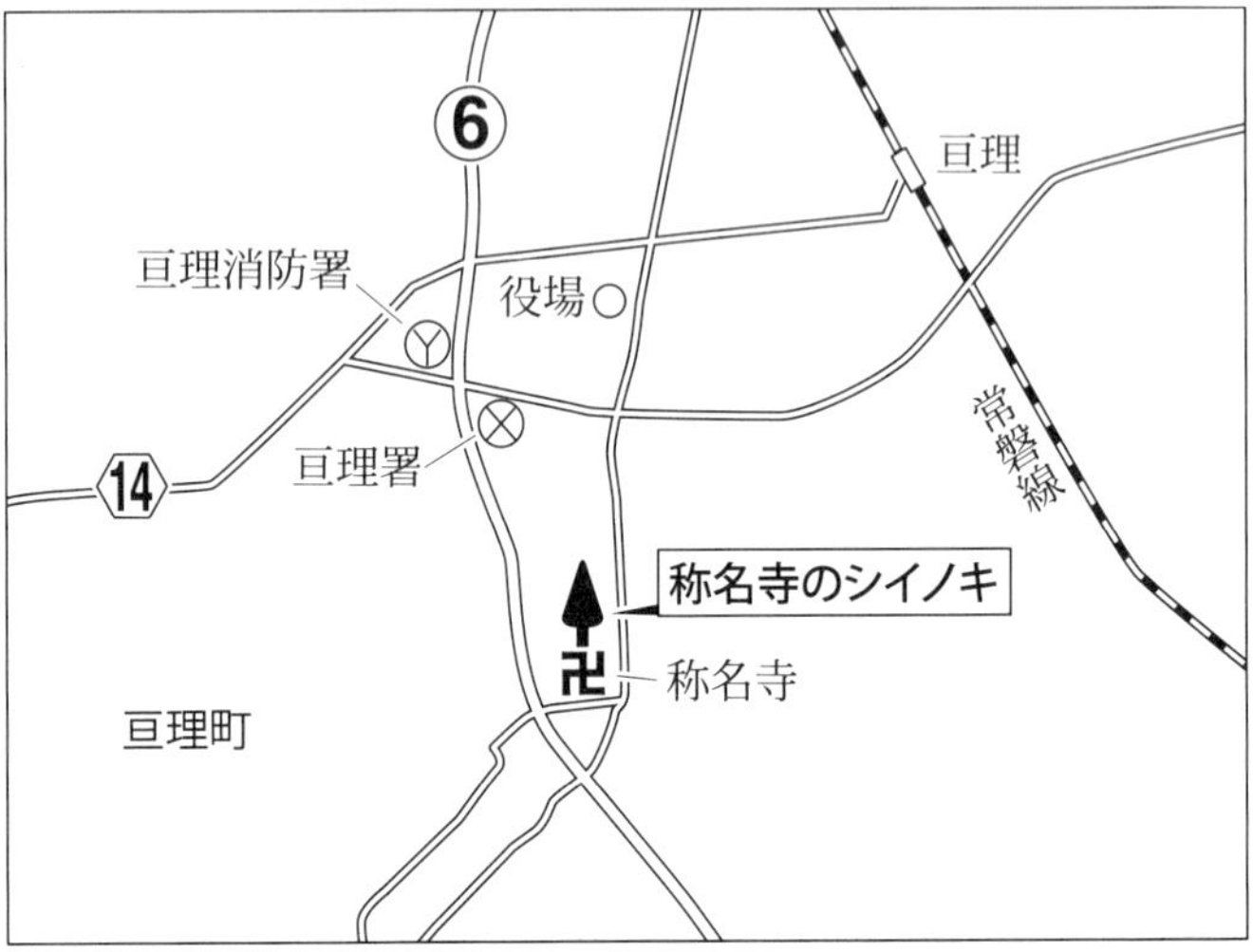

た。そのとき、酒気を帯びた三人の狼藉者が闖《ちん》入《にゅう》し、宗実の小姓柴田彦兵衛はそのうちの一人をやむなく切り捨てた。彼らは最上藩の足軽で荒浜にある同藩の米蔵の番人であった。最上藩主松平清良は徳川一門をかさに下手人を成敗せよと強硬に出、仙台本藩も幕府を憚《はばか》り同じ要請をしてきた。宗実は「彦兵衛は自分の下知に従ったまでで罪はない。罰するなら己を罰せよ」と要請を聞かず、遂に他国へ出奔《しゅっぽん》を決意するに至った。彦兵衛の父常弘は、主人に難の及ぶのを忍びず、六月十五日、称名寺において「作法は我に倣え」と範を示し、親子とも切腹して果てたという。

そんな柴田親子の墓石を暑さ、寒さから守るかのように、二本のシイノキは天空を覆い尽くさんばかりに樹冠を広げている。

高蔵寺の大杉（県指定天然記念物）

苔むす樹肌に老樹の趣

角田市高倉字寺前五〇

平安時代初期の八一九年（弘仁十年）、徳一菩薩によって開山されたと伝えられる高蔵寺。山すそに広がる境内に建つ趣ある茅葺き屋根の阿弥陀堂は、一一七七年（治承元年）、藤原秀衡とその妻などによって建立された県内最古の木造建築。太い円柱で支えられた構造は、簡素な造りではあるが力強さを感じさせ、純朴で実直な東北人気質の匠の技が反映されているような気がしてならない。

古びた参道石段を登り詰めた両側に立つ一対の大杉。邪悪なものの侵入に立ちはだからんばかりに凛と立つ。目指す大杉は左側だが、右側の杉も大木である。左側の大杉は地上二《メートル》余のところから二つに分かれて直立し、根元からもう一本の幹が出ている。ただしこちらは枯死のため、途中で切断されている。一本々々はさほどの太さではないが、都合三本が株立ちした根周りは十《メートル》近い太さになる。

阿弥陀堂境内は、杉木立の中にあるためあまり陽が差し込まず、日中でも薄暗い。そのためか樹肌には苔がへばり付き、それがまた老樹の雰囲気を漂わせる。宝形造の阿弥陀堂内には、平安末期作とされる像高二・七メートル、総高五・一四メートルの寄木造の阿弥陀如来坐像が安置。御堂ともども国指定重要文化財に指定されている一級品だ。

高蔵寺境内域は、「高倉公園」として緑化整備され、池・東屋・散策路・水車など、ほどよく配置された空間は錦秋に彩られていた。その一角に移築された古民家は旧佐藤家住宅。寄棟造の茅葺き屋根でつくられた家は、十八世紀中～後期に建てられた旧仙台領内の中規模農家の典型的建物として国指定重要文化財に指定。山間の静謐なこの空間に、三つも国指定があるとは意外だった。

東屋でひと休みしていると、二人

樹高34メートル、幹周8.2メートル、推定樹齢800年

の中年女性が袋を抱えてやって来た。しばらく周囲を見渡し持参した袋から何やら取り出したと思ったら、あちこちの樹木の陰や茂みにそれらを隠し出した。落ち葉を集めてその下にも隠している。何事かと思って尋ねると「これから幼稚園の宝探しをするのでその準備をして

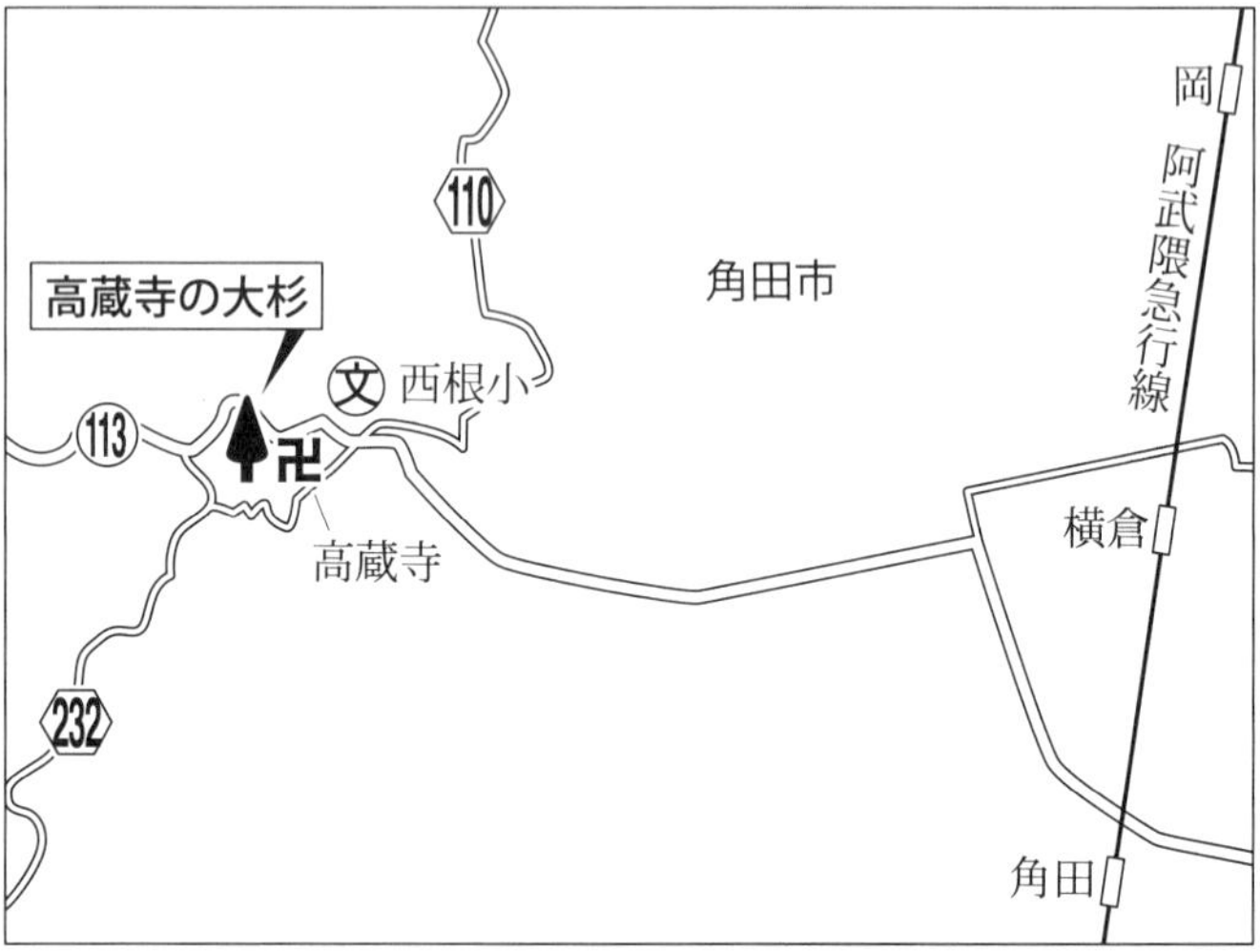

いる」とのことだった。

二人は幼稚園の先生で、準備のため早めに来たようだ。何やら楽しそうな感じがしたので、「宝探し」が始まるまで居残ろうかとも思ったが、先を急ぐ必要があった。間もなく、静かな山間の寺院境内が園児たちの声で賑やかになる様子を想像しながら、次なる目的地へ向かった。

雨乞《あまご》のイチョウ（国指定天然記念物）

最後に色づき存在示す

柴田町入間田字雨乞

既に黄金色の衣装を纏《まと》い、近付けば遠目からでもその存在が分かるはずだと思い込んでいた。しかし、分岐点ごとに立てられた案内板を頼りに期待を膨らませて進んでも、いっこうにその姿が見えてこない。「おかしいな」と思っているうちに、結局は大イチョウの前に辿り着いてしまった。

麓にはすっかり色付いているイチョウもあるというのに、「雨乞のイチョウ」はまだ青々とした葉を茂らせていて全く色付く気配はなかった。そこは民家が点在しているものの里山頂上部に近く高度もあり、見晴らしはいい。それなのに、まだ色付く気配がないのが不思議だった。

民家内で土木作業をしている人がいたので「イチョウの色付きが遅いですね」と話し掛けると、「このイチョウは毎年平地よりずっと色付きは遅いけれど、いったん色付くと下からでも存在が分かるぐらい見事になるよ」と、作業の手を休め教えてくれた。やはり遠目からでも分かるイチョウだった。

「あそこの枝が先日の大風で折れて、ここにあった小屋を直撃して壊れてしまったため、小屋新築の基礎工事をしているところだ」との話に、その枝を見ると、なるほど折れたことを示す真新しい痕跡がありありとあった。

「折れた枝はそこにあるよ」

下方から見上げると、折れた幹はそれほどの太さでもないと思っていたのに、落下した枝の太さは予想外だった。

地面に転がっている長さ約一・二メートルに切断された数本の幹は、いずれも直径四、五十センチはある。これだけのものに直撃され

樹高31メートル、幹周11メートル、推定樹齢600年

たら、小屋はやはりひとたまりもない。母屋の方に倒れなくて、むしろ幸いだったかもしれない。坂道途上の斜面に踏ん張るようにしっかりと根を張り、東西南北に十一〜十四メートルにわたって枝葉を広げている樹勢旺盛なイチョウの、せめてもの計らいだったのだろう。

　イチョウの根元

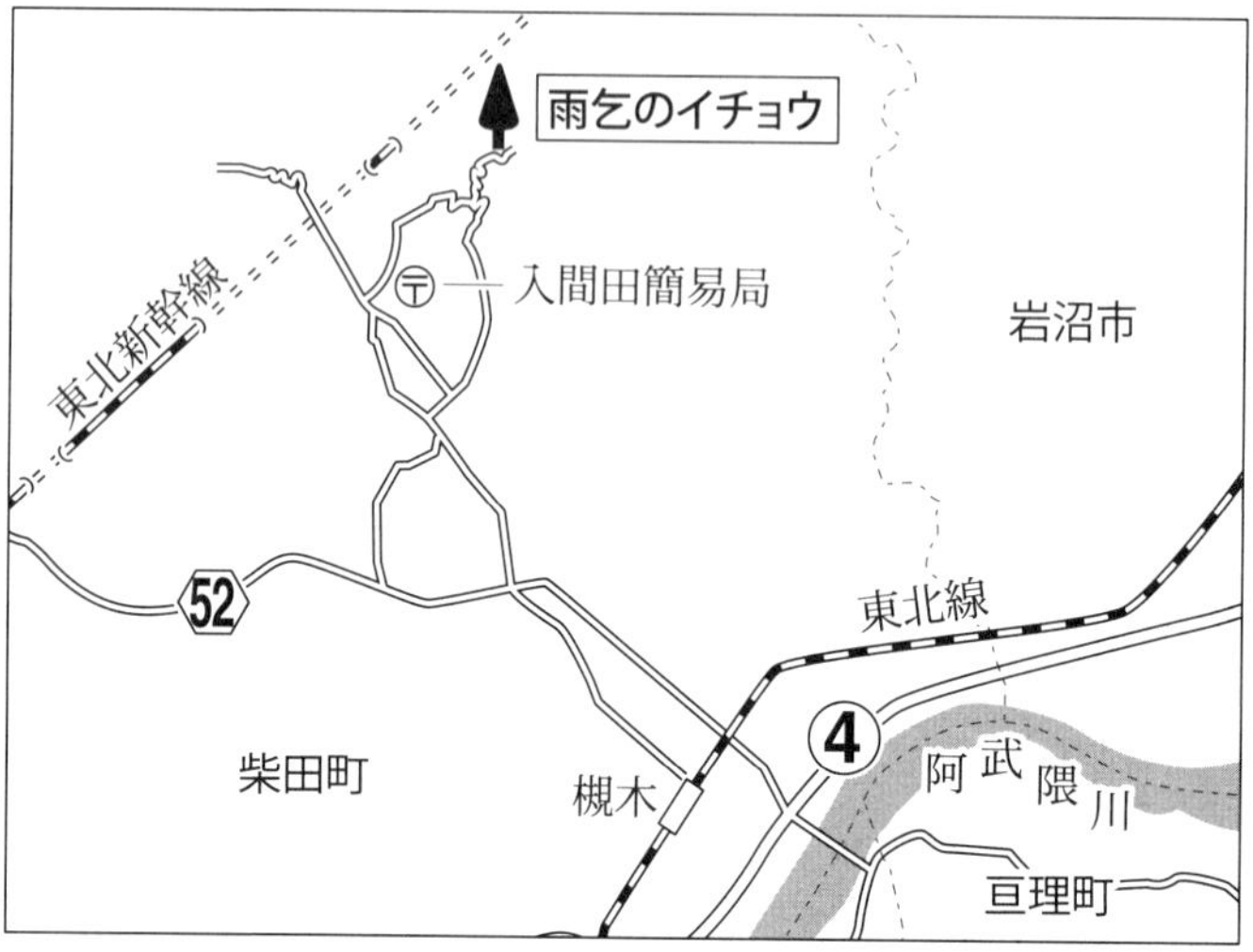

脇から、道路上にせり出してケヤキの大木が伸びている。通行中、倒れてきやしないかと心配するほど気になってしまう迫り出し方だ。そのケヤキは色付き落葉も少し始まっていた。雨乞地区はユズの里として知られ、周囲に散在するユズも見事に黄色している。眼下には刈り入れが済んだ田園風景が伸びやかに広がり、そろそろ冬の足音が忍び寄って来る気配が、周囲に漂う。麓から黄金色に輝くイチョウの姿を目にできるのも、もう間もなくだろう。

薬師堂の姥杉（県指定天然記念物）

落雷と火災潜り抜ける

栗原市築館薬師台

　通称「薬師山」と呼ばれる丘陵地に建つ医王山双林寺は街の南に位置し、そこからは街並みはもとより、北西側には栗駒山（標高一、六二七・四メートル）、東にはゆったりした迫川の流れが望める眺望の地である。丘陵を登るように続く参道両側には杉の大木が林立し、鬱蒼とした中に森厳さが漂ってくる。薬師山に散在する桜が開花する時節には山全体が桜色に包まれ、また落葉樹が紅葉する頃には趣ある秋色に染まり、薬師山は四季を通じて市民憩いの場として親しまれてきた。

　姥杉は、薬師山北東側（本堂裏手）に朝日を浴びて立っていた。主幹半ばから幹が二つに分かれて伸びる姿は堂々としているが、上層部にまばらに茂る葉、杉とは思えない白い樹肌、焦げた痕跡などを目の当たりにすると、何事か異変があったことに気付かされる。

　樹下の案内板に「枝葉は地上八・三メートルのところから繁茂し、東西二十六メートル、南北二十メートルに

わたって、壮大な姿をしていた。一九六九年には落雷、一九九四年には火災に遭うという度重なる災難で一時樹勢は衰えたが、樹勢回復事業を行った結果、現在は徐々に回復しつつある」などとあった。現在の姿は、度重なる災難を潜《くぐ》り抜けてきた証しであった。

境内の一角にある薬師堂は、「杉薬師霊場」として知られ、その歴史は七六〇年（天平宝字四年）、孝謙天皇の開創になる勅願霊場まで遡るとされる。その由来は、孝謙天皇病気のとき、なかなか平癒しないので易博士に占ってもらうと、「奥州に数十丈の大木があり、その精が紫宸殿を侵しているので平癒しない。その大木を伐るように」とお告げがあった。占い通り大木を伐ると天皇の病気は快癒したので、天皇は杉の霊威に感じ入りこの地に仏堂を建立さ

樹高 34メートル、幹周 9.5メートル、推定樹齢 1200 年

せ、天皇家の安泰、天下泰平、万民豊福の勅願霊場とした――と伝えられる。

現在の薬師堂(杉薬師瑠璃殿)は、寛政年間(一七八九～一八〇一年)の建築と考えられ、石越生まれの棟梁菅原卯八《うはち》によってつくられた。蛙股《かえるまた》造の三間四面の堂は釘を使わずくさびで締めて建てられている。以前は茅葺き屋根であったが、現在は銅板葺き。堂壁面には大振りの絵馬が掲げられ、その下には紅白の幕が堂を覆う。

蛍光色のそろいのブルゾンを着た人々がお堂前に集まってきて活動し始めた。何やら慶事の匂いがする。掃き掃除をしていた老人が、「今日は薬師祭りと称する奥州藤原一族に関わる祭りで、実行委員の人たちが準備しているところです」「お堂裏の耐火堂には、薬師如来坐像・持国天立像・増長天立像(いずれも木像)の国指定重要文化財が収納されています」と土地の言葉で教えてくれた。

どこからともなく漂ってくる銀杏独特の臭いに、みちのくの深まりゆく秋を肌で感じつつ、大杉のさらなる回復を祈りながら眺望の良い境内を後にした。

苦竹《にがたけ》のイチョウ（国指定天然記念物）

幹周を覆う無数の気根

仙台市宮城野区銀杏町七ノ三六

ＪＲ仙台駅の東、独立行政法人国立病院機構仙台医療センター付近一帯を「銀杏町」という。道路両脇に数百㍍にわたってイチョウが植栽され、まさに「銀杏町」の呼び名にふさわしい並木がある。黄葉に彩られる季節は、仙台名所の一つケヤキ並木とはまた違った秋の風物詩となる。

銀杏町の一角に、それらのイチョウを代表する「苦竹のイチョウ」がある。かつてこの場所は「苦竹」という地名だったが、この大イチョウにちなみ「銀杏町」となった。

出逢った瞬間、おびただしく垂れ下がった大小の気根（乳柱）に圧倒された。古木のイチョウにはよく見られる気根だが、数、大きさが半端ではなく、幹は全て気根に囲まれているといってもいい。気根の中で最も太いものは周囲が一・七㍍にも及び、中には気根の下端が地中に入って支柱のようになっているものさえある。それらの様子から「乳イチョウ」とも呼

ばれ人々に親しまれると同時に、母乳不足の女性たちから特に信仰を集めてきた。樹下に祀られる「銀杏姥神」には、戦後しばらくまで多くの女性の参詣があったという。

幹周（地上一・三《メートル》部分）は約八《メートル》だが、地上三《メートル》余で太い幹が四方に分かれる分岐点の幹周は、十《メートル》を超えようか。横に四方に分かれた幹はさらに直上して伸び、メラメラと燃え上がる炎のような枝振りは、縄文時代中期の火焔式土器を連想させる。

巨樹では珍しい雌株で、訪れたときは足の踏み場もないほど実が落下し、独特の異臭が辺りを支配していた。持ち主は右手に隣接する永野家だが、手入れが大変そう。伝えによると、天平時代、聖武天皇の乳母紅白尼の遺言によって、紅白尼の墓上に植えられたイチョウだという。

イチョウに隣接する神社は、応神天皇を祭神とす

樹高32メートル、幹周8メートル、推定樹齢1200年

る「宮城野八幡神社」。その歴史は古く、桓武天皇の七九八年（延暦十七年）、坂上田村麻呂によって男山八幡宮の分霊を勧請して社殿が造営されたとする。一九四五年に戦災により罹災。また、国鉄（現ＪＲ東日本）の貨物駅用地となるに及び、一九五二年に宮城野の地からこの地へ

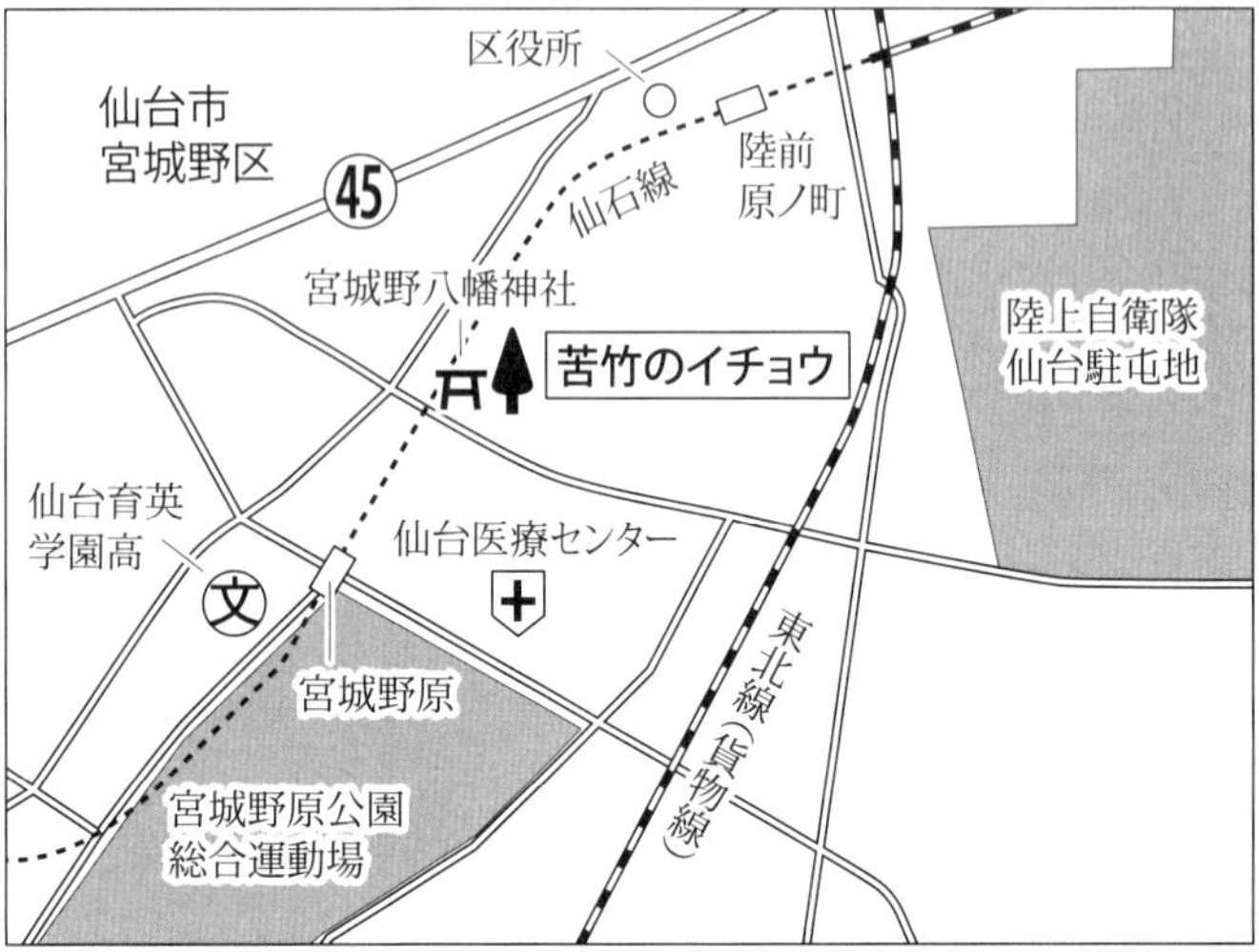

遷宮された。ほぼ同時代に誕生したと思われる大イチョウと神社が、不思議なことに隣り合わせに鎮座するようになったのは単なる偶然とは思えない。

苦竹から距離にして約三キロの付近に宮城野原公園総合運動場がある。その中にプロ野球「楽天」の本拠地球場がある。収容人数はおよそ二万三千人。決して大きい球場とは言えない。が、プロ野球リーグ戦中には多くの観客が足を運び賑やかになる。一度、贔屓にしているロッテ戦をこの球場で観戦した。満員となった球場は、応援合戦で盛り上がったことは言うまでもない。歓声はおそらく苦竹周囲にまでも届き、それは大イチョウの密やかな愉しみの一つに加わったかもしれない。

福島県

万正寺の大カヤ（県指定天然記念物）

800歳なお瑞々しく輝く

桑折町万正寺字大榧

巨樹にまだ関心がなかった頃、この大カヤの前を偶然車で通り掛かったことがある。車からチラッと見た瞬間、「これはただの木ではない」と感じ、少し通り過ぎたものの直ぐに引き返して眺めたほどその存在感は大きく、そして印象にも残った木である。今考えると、大カヤが「素通りするとは何事だ」と引き寄せてくれたような気がしている。

折しも、住まいする福島県内の巨樹・巨木巡りをしようと思いを巡らしていた矢先、ある新聞の文化面に、この大カヤの記事が載っていた。不思議な縁を感じながら紙面に大きく載った大カヤの写真を食い入るように眺めた。伸びやかに広がったカヤ特有の傘状をした樹冠の下に写っている人物がやけに小さく見え、あらためてその大きさと包容力に感じ入った。今も生長過程で大きくなっているらしく、枝の伸長は年平均七《チセン》あるという活力ある木だ。

それからしばらくして、今度は幼稚園児が横二列になって樹下に並んでいる写真を見る機会があった。全員で五十人はいただろうか。園児たちが樹冠に包み込まれるように並んでいる姿は壮観で、この写真も強烈な印象として今でも目に焼き付いている。

実のなる時節に逢いに行ってみた。相変わらず樹勢旺盛であったが、それよりも何よりも実が隙間なくぎっしりなっていることに驚かされた。子孫ますます繁栄、とても八百歳とは思えないほど瑞々しく輝いていても見えた。

明治時代の道路工事の際、大カヤの周囲から十三〜十四世紀に愛知県で製作されたとみられる「灰釉梅花唐草文瓶子《かいゆうばいかからくさもんへいし》」と呼ばれる陶器が出土した。中国の焼き物を模した一級品で、県の重要文化財にも指定されている。また周囲には伊達氏居城であった西山城跡や初代朝宗の墓など戦国大名の伊達氏にまつわる史跡が点在

樹高15メートル、幹周8メートル、推定樹齢800年

することから、大カヤは伊達氏と関係の深い人物の墓標として植えられたとの説もある。

　その伊達氏とゆかりのある観音寺が、大カヤに程近いところにある。山門左右に三メートル余を越す仁王像（第十代住職の祐音和尚が自分で刻んだとの伝えがある）が立ちはだかる観音寺は、鎌倉時

代、伊達郡を領していた伊達家四代の政依が、父義広の供養のため一二四七年(宝治元年)に建立した菩提寺に始まる。政依はこのほか、満勝寺(万正寺)、光福寺、東昌寺、光明寺を建て、観音寺を加えて伊達五山とした。のちに伊達家が仙台に移るに及び四寺は移転し、観音寺だけが再興された。本堂の内部外陣の装飾、天井絵、外陣東の間の大絵馬など見るべきものが多い寺院である。カヤとの出逢いの延長に、観音寺にも足を延ばし往時を偲ぶのも一興である。

杉沢の大杉（国指定天然記念物）

天空へ真っ直ぐ高々と

二本松市岩代町杉沢字平

杉花粉症を発症してからというもの、杉には罪はないと知りつつも、わたしにとって杉は憎々しい木という以外の何者でもなくなった。春先の赤茶色く変色した姿を見るとさらに恨みは倍増する。しかし、それも時節が過ぎると何事もなかったかのように、恨みつらみはいつの間にか消え失せてしまってはいるのだが……。

杉花粉の心配がいらない十二月の中旬、大杉とじっくり対面してみようとの思いで朝早く出掛けてみた。再会は実に十余年ぶり。その頃はまだ巨樹に関心がなく、ただ一瞥して通過していっただけのように思う。ただ何か心が揺さぶられるのを感じた記憶は残っている。

快晴で無風の絶好の日和。大杉周囲の降霜はゆっくり融けだし、ひんやりした冷気は肌に心地良く、人影も見られず静かに再会するのにこれ以上の条件はない。整備された遊歩道をゆっくり歩みながら大杉を見上げる。大杉の視線が注がれてくる気がする。

「しばらくじゃないか、よく来たな」「今何をしている」「これからどうしたいのだ」「どう生きたいのだ」「何を期待しているのだ」

　そして「俺は変わらないよ」などと語り掛けてくる。二度、三度と遊歩道を廻って根元に近付き、千年余を支えてきた逞しさにあらためて感動する。

　屋根付きの休憩場所から見つめていると、紺碧の空の下、大杉の上をゆっくり白い雲が横切っていく。その光景をしばらくボーッと眺めていると、空と大杉の間に今にも吸い込まれそうな不思議な感覚にとらわれ、異次元の世界にでも入り込んだような錯覚がしてきた。

　和名「杉」の語源である「直木《すぎ》」そのままに真っ直ぐ高々と伸びている姿は、悠然とし貫禄十分。丹念に手入れされた盆栽を大きくしたよ

樹高50メートル、幹周12.6メートル、推定樹齢1000年

うで見事なほど均整もとれている。

一六四三年(寛永二十年)、ときの二本松藩主丹羽光重が領内巡視の際、この大杉に感嘆して村名を当時の菅野沢《すがのさわ》村から杉沢村に改名したと伝えられる。古《いにしえ》から多くの人々の祈り、願い、悩み、心のささやきを聞き、またあるときは勇気、元気、やる気、安らぎなどを恵み、人々も畏敬の念を持って大杉に接してきた。泰然自若とした姿を前に、ひとは己が傲慢さに気付き、謙虚に生きることを教えられた。

ノンフィクション作家柳田邦男さんは、巨樹と出逢ったときのことを次のように表現している。「老巨樹は、すべてを見てきた。どんな苦難にも耐えてきた。すべてを知っている。なのに何も語らず、何もわめかず、動こうともせず、悠々閑々として立っている。黙っているのにこちらの心を揺さぶる」と。

蝉のかまびすしさが一段と増した八月、再び大杉に逢いに来た。その夏は例年にない猛暑。なのに、大杉の周りにはさわやかな緑の風が吹き寄せ、夏バテの気配すら見せることなく相変わらず姿勢良く亭々としていた。

諏訪神社翁杉《じじ》・媼杉《ばば》(国指定天然記念物)

樹肌は縦縞の高級着物

小野町夏井字町屋

小野町夏井に鎮座する諏訪神社境内に、樹勢旺盛な二本の大杉が並立している。凛として屹立する姿はなかなか見事で、県内でも屈指の見目好い杉でもある。

柔らかそうな感じのする樹肌の上から下まで、幾多の溝が一直線に走る。作家幸田文は、「スギは縦縞の着物を着ている」と表現したが、この二本の杉はさしずめ縦縞のしかも高級な着物を着ていると言ったところだろうか。その着物を何に例えたらいいのか、着物に無知なわたしではうまく言い表せない。ただ振袖ではないことは確かだ。

明治の詩人薄田泣菫《すすきだきゅうきん》の「森の声」という詩に、「大スギのひとつがいふ。余りに高くなりすぎてどうにも心寂しくてならない。それにあの雲の襞がうるさい。電光など落ちて来るといいのに」とある。この二本の大杉は寂しさなど全く感じさせないぐらい仲良く寄り添い、注連縄はお互いを結ぶ堅い絆のように思える。一間社流造の諏訪神社社殿に至る自然木の鳥

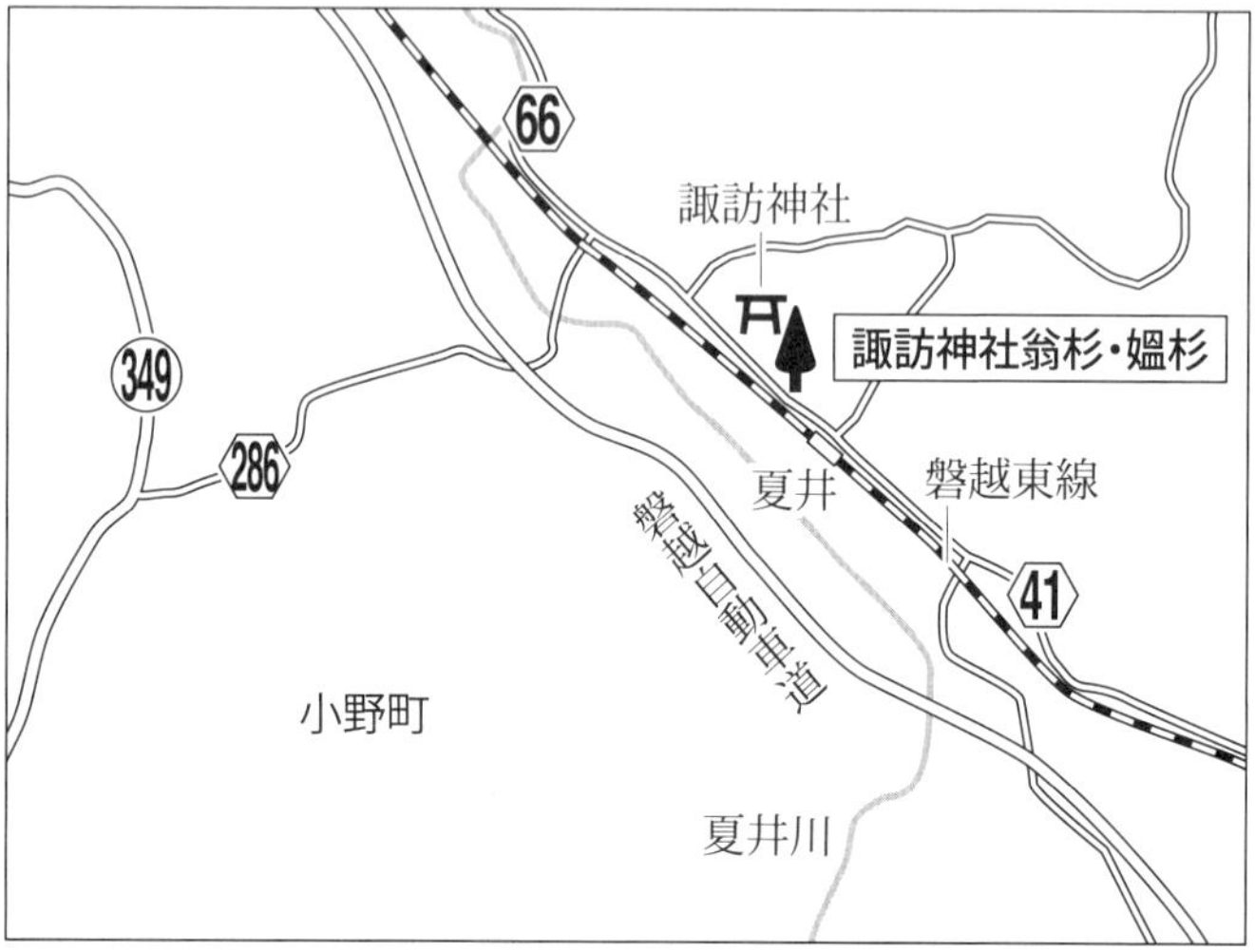

居としても映え、その下をくぐると、不浄、やましさ、悪霊なども洗い流してくれそうな気がする。しかし大杉保存のためここを通ることはできない。

光仁天皇の七八〇年（宝亀十一年）、陸奥の伊治呰麻呂《これはるのあざまろ》という蝦夷の首長が反逆を企て、殺戮《さつりく》暴行を重ね按察使《あぜち》の紀広純《きのひろずみ》を殺害した。天皇は藤原継縄に命じてこれを討たしめんとし、継縄は直ちに都を発ち討伐に向かった。勿来の関を経てこの地に陣したとき、地元の豪族石城大領、標葉大領等が衆を率いて参じ、「呰麻呂はよく兵を用ひ、奇策を以って人の意表に出るので、くれぐれも油断のないように」と告げたので、継縄は間者を放って敵情を探らせる一方、この地へ社檀を設けて若杉二本を手植し、諏訪大明神を祀り戦勝を祈願してから敵地に進

翁杉＝樹高 48.5メートル、幹周 9.2メートル、媼杉＝樹高 47.8メートル、幹周 9.5メートル、推定樹齢 1200 年

んだという。

そのときの若杉がこの杉だと伝えられ、国の天然記念物に指定されるまでに生長している。ちなみに向かって右が翁杉、左が媼杉だそうだ。杉に限らず、巨木が二本並んで立つ姿を、得てして「夫婦《めおと》〇〇」と称することが多い。そんな中、あえて「翁杉」「媼杉」と呼ばれているのは、極めて大きいことと、千二百年ともいう樹齢からくることは想像に難くない。

諏訪神社から約百《メートル》南側を夏井川が流れ、その両岸沿い五《キロ》にわたってソメイヨシノが並木を成している。一九七一年に護岸整備が完了したのを受け地元住民が計画を立て、五年掛かりで苗木千本を植えた。そこから「夏井千本桜」と称され、時節には多くの人々が訪れるようになった。

遠目に眺めて愉しむのも、回廊のような並木の下をゆっくりくぐり抜けるのも良し。夏井川一帯は標高七〇〇《メートル》の地。桜の開花は例年東北北部と同じ頃になる。阿武隈高地の遅い春を美酒とともにのんびり愛でるのも悪くない。翁杉・媼杉も千本桜が爛漫となる季節を首を長くして、いや幹を長くして待ちわびるのであろうか。

三春滝桜（国指定天然記念物）

華麗な春も深緑の夏も

三春町滝字桜久保

全国的に知名度の高い桜の古木である。その華麗にして優美な姿には誰しも驚嘆の声を上げ、言葉では言い表せない魅惑をも感じることであろう。それほどの桜である。数多くの写真家や著述家が様々な視点から紹介しているのは周知のこと。これ以上わたしごときが出る幕もなく、まずは一度逢ってみるに如《し》くはない。

爛漫の折の日中は、砂糖に群がる蟻のように観光客がどっと繰り出し、ゆっくりとした出逢いはまず愉しめない。夜間にライトアップされた姿は、昼間とは打って変わって怪しげに変化する。妖艶を漂わせているかと思えば、夜坐をする老僧のように泰然自若として見え、昼とは違った凄みというか幽玄さというか、初めて目《ま》の当たりにしたときは息をのむ思いがした。ゆっくり出逢うなら早朝の、しかも日の出直前はどうだろう。朝日を浴びる姿は、華麗さを通り越し神々しくさえあるのではないか、などと夢想も膨らんでくる。

八月の暑い盛りに逢いに出向いたことがある。流石《さすが》に見学者の人影はなく、一人ゆっくり対面することができた。春のような華麗さはなかったものの、根元にある小祠をすっぽり包み隠すほどしたたる深緑の闊達《かったつ》とした姿態はこれまた見事で、ほとばしるような力強いエネルギーが伝わってくる。時期、季節を問わず、魅力あふれる滝桜の精気を浴びに来るのもいい。

「滝桜は、天文年間(一五三二~五五年)に植えられたとされ、旧三春藩時代には周囲の畑地約三畝歩三斗二升五合を無税地とし、藩主の御用木として柵をめぐらしていた。東西約二十二メートル、南北約十七メートル、広壮に広がり地表近くまで枝垂れるその姿は、古来から滝桜と呼ばれてきた。江戸時代後期の天保年間(一八三〇~四四年)、三春藩士

樹高 9メートル、幹周 7.9メートル、推定樹齢 1000 年

草川次栄が上洛して公卿等との会談のおり滝桜が話題にのぼり、このとき詠んだ桜の讃歌が世に広まった。また滝桜の丈尺を記した図は光格天皇の叡覧に供せられ御記録に載せられて三春滝桜と御認せられた。山梨県の山高神代桜、岐阜県の根尾谷淡墨桜と並び日本三大桜と呼ばれてい

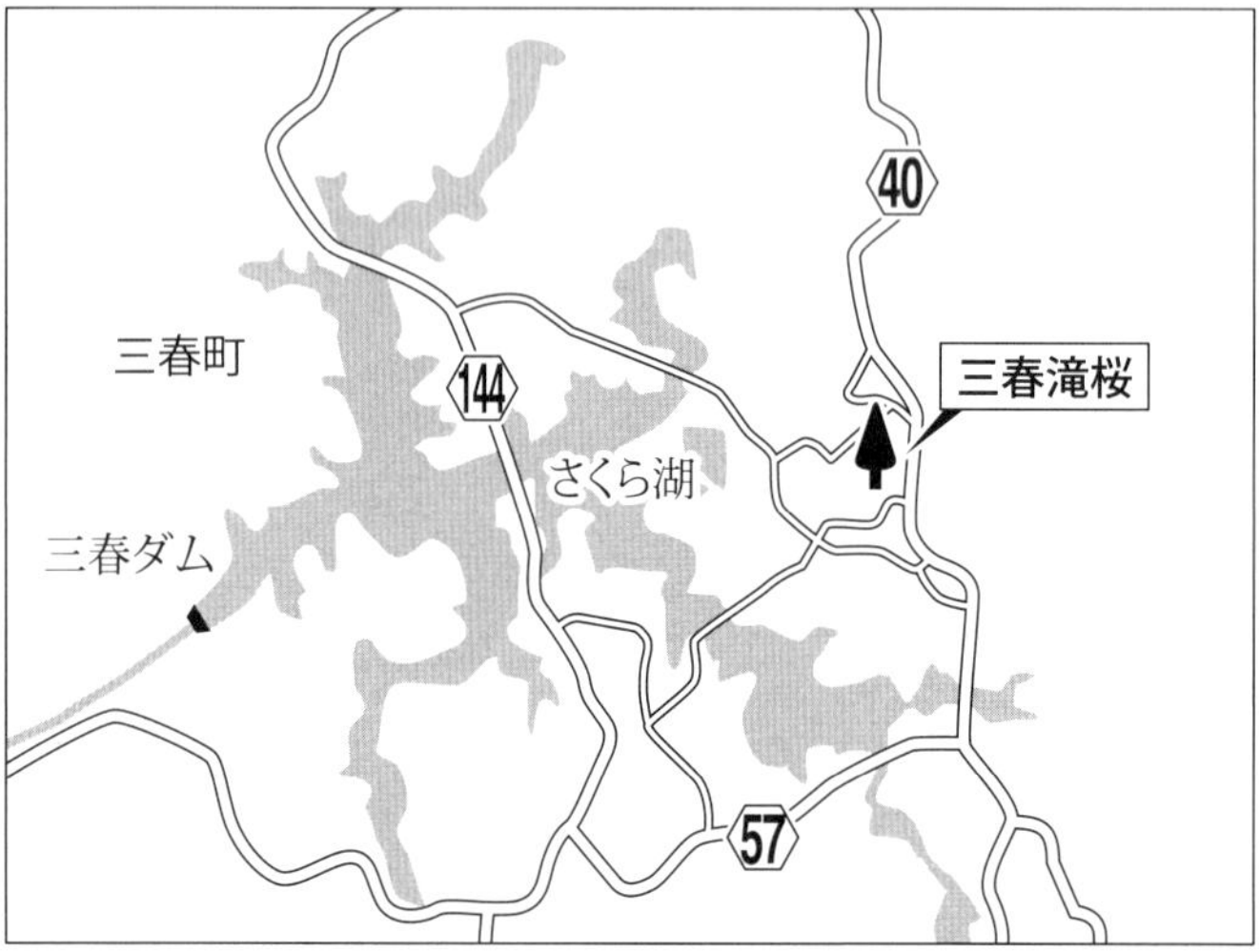

る」などと案内板にはある。
また、一八三六年(天保七年)に記された『滝佐久良の記』には歌人加茂季鷹(一七五二〜一八四一年)が、「陸奥にみちたるのみか四方八方にひびきわたれる滝桜花」と詠んだ和歌もある。
滝桜は陽当りの良い傾斜の窪地に立つ。所在地は「大字滝字桜久保」。名称の起こりは、この地名と何らかの繋がりがあるのだろうし、開花時の様子がまるで「滝」のようであるということからも、正に言い得て妙の名前であると感心する。

剣桂《けんかつら》

鬼神を封じ込めた伝説

西郷村真船字赤面

西郷村の新甲子《かし》高原山中に、カツラは静かに鎮座していた。鎮座という言葉が全くぴったりする場所であり、姿であった。円形で先が鈍《にぶ》くとがった葉は全て落ち、カツラの特徴である株立ちの樹形をありのままに捉《とら》えることもできた。株立ちとは同じところから幹が数本または多数本まとまってともに上に伸びている状態のこと。このカツラも例に漏れず、二つに分かれた幹からさらに六〜七本の枝が天に向かってすくすくと伸びている。

カツラに寄り添うように小さな、しかし造りのしっかりした社《やしろ》が祀られている。新甲子地域の氏子によって、一九七六年十一月に内神様として建立された剣桂神社である。丸まったカツラの落ち葉を踏み締めながら素朴な鳥居をくぐる。落ち葉の乾いた音が静けさをちょっぴり破り、それが聴覚的美感を心地良くくすぐる。

カツラを仰ぎ見るように眺めた。「よくここまで来たな」と、労《ねぎら》いの声が聞こえてくる。

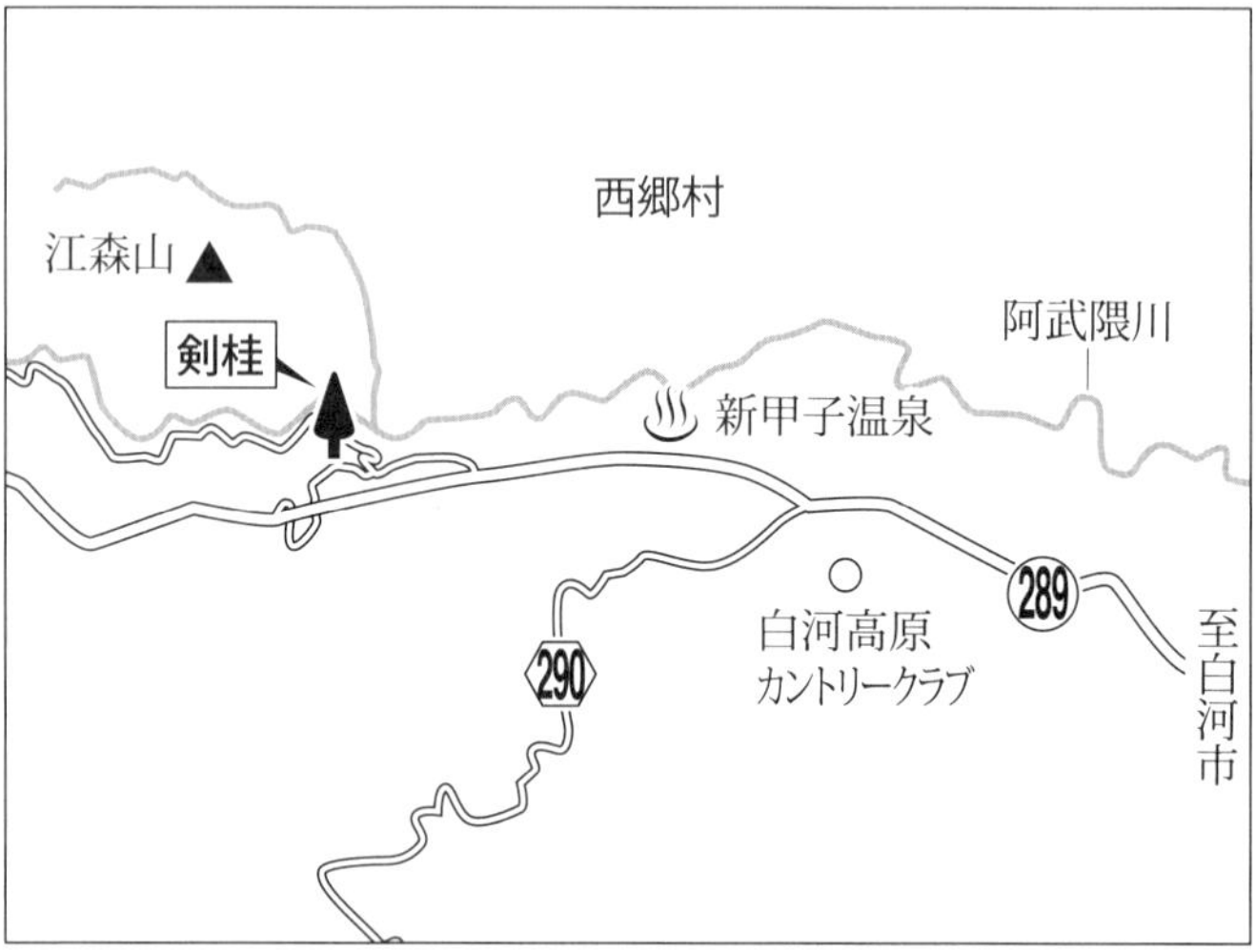

周囲の木々の梢は風になびき、「歓迎！」とばかりに一斉に囁き掛ける。カツラの左手をしずしずと流れる小さな沢の清冽さに心も洗われる。カツラは陽当たりの良いところを好み水湿のある谷に生えるとされるが、剣桂にとってここは居心地良いところのようだ。人間にとっても心安らぐ空間で、しばらく居坐りたくなる。

カツラは喬木《きょうぼく》性の落葉樹で、幹が直立して多くの枝条を出す精の強い木。旺盛な精気、端麗な樹姿に加えて、きめの美しさと香《かぐわ》しさが高く買われ、勝利、栄光、高貴などの形容にしばしば使われる。カツラの語源は「香出ら」だとされる。それは、カツラの葉が秋になって黄葉になると良い香りがするからで、昔はこの葉を集めて乾かし、粉末にしてお香をつくったところからきているという。

樹高45メートル、幹周9.7メートル、推定樹齢330年

中国の伝説に、月の中には五百丈(約千五百メートル)もある大きいカツラの木があって、この木が茂ったり枯れたりするたびに月が満ちたり欠けたりする——という、何ともスケールの大きい伝えもある。この中国で言うカツラは肉桂《にっけい》(クスノキ科の香辛料植物で、にっき、シナモンとして馴染み深い)のこととされ、この「桂」の字が日本ではいつの間にかカツラの木になってしまったようだ。

カツラ材は狂いが少ないため、器具、家具、漆器の木地と用途が広く、また彫りやすいところから仏像、面などの彫刻材としても使われてきた。身近なものとして裁縫の「裁板」「洗い張り板」にも使われたのは、やはり狂いが少なく適度に堅い性質が適していたからだろう。

剣桂神社に、昔ここに鬼神が現れ、甲子路を旅する人を苦しめたので、ときの白河藩主松平定信が、旅人の難儀を救うため剣をもって鬼神をこの木に封じ込めたという伝説がある。また、山仕事を生業とする人たちには、林産物の伐採や搬出の無事を祈念するために幣《へい》や剣を奉納する風習があった。このカツラはそうした人たちの信仰によって永年にわたって護られてきた。

天子の欅《けやき》

空洞化した幹内に小祠

猪苗代町本町

ケヤキの樹種では全国屈指であるとの情報を得、期待を膨らませながら猪苗代町内を探すものの、なかなか見つからない。行ったり来たりしてようやく猪苗代町本町地内の住宅裏にあると分かった。商店街駐車場に車を置き路地を抜けて行くと、前方に何か不思議な樹相が現れてきた。

天に聳えるような巨樹をイメージしてきたのに、異常なほど空洞化した幹、ずんぐりとした姿に、期待は外れてしまった。がらんどうの幹内部には、どのような経緯によって祀られるようになったかは分からないが、小さな石仏と天司宮のお札を配した小祠が違和感なくぴったり納まっている。

かつてここはキリシタンの礼拝堂があったところとされ、現在はその基礎部分の跡だけが名残をとどめる。猪苗代町史には、「一九七〇年頃まで、北側の空洞になった大欅の根もと

に、古い木造の小さな祠があった。これが天司宮である。現在は離れたところに移動して新しいお宮にお祭りされている。またこの欅の空洞の中には石造の八〇糎（チセン）位の観音像があった。昔から天司宮の丘は一般から敬遠されて『蛇がいるから登ってはならない』とか、『枝葉を折ると祟りがあるから触れてはいけない』といわれて来た。その真実を知るものは大欅だけである」などと、キリシタン遺物遺跡等の項目に記述されている。「天子の欅」の呼び名は、このことと決して無関係とは言えないだろう。

ケヤキは「けやけき（際立つ）木」という意があるとされるのに、この容姿は、樹木として際立つというより、異相として際立っている。幹内部の焼け焦げたような黒い痕跡は、一体どうしたというのだろう。ただならぬことがあったに違いない。枝

樹高27メートル、幹周15.4メートル、推定樹齢1000年

分かれして太く横に伸びた幹にのみ込まれるように大石が食い込み、ゴツゴツとして堅い幹と石は一体化して、どちらが幹でどちらが石かと見紛ってしまう。いかなる事情があってこのように奇抜な風体になってしまったのかは分からないが、厳しい自然を掻い潜ってきたことは確かだ。

このケヤキは昔、中小松杉橋の熊野神社境内にあったケヤキと夫婦であったが、「熊野の欅」はおよそ百五十年前に伐採された。そのとき、切り口から血が噴出すると、「天子の欅」もまた激しく鳴動したという伝えがある。
根元から蘖《ひこばえ》が逞しく生育し、世代交代は着実に進んでいる。さらに千年後……。楽しみだ。

高瀬の大ケヤキ（国指定天然記念物）

会津の嶺々借景に泰然

会津若松市神指町高瀬字五百地

会津若松市神指《こうざし》町高瀬の小高い丘に、大ケヤキは悠久泰然と立っていた。遠目からでも直ぐに分かるほど、存在感を示してもいた。下調べでおおよその大きさは認識していたせいか、近付くにつれ期待も高まり、昂揚感も増してきた。会津では最も逢いたかった巨樹の前に立ち、その貫禄ある風貌に感動も一入《ひとしお》湧いてくる。

広々とした田園風景、北東に聳える磐梯山（標高一、八一六メートル）、北方の冠雪する飯豊連峰、斑雪《まだらゆき》の残る会津の嶺々と、巨樹を取り囲む借景が実に素晴らしい。訪れた日は恐らくこれ以上ないという春うららかな日和。周りのソメイヨシノは花盛り。芽吹き始めた大ケヤキを祝福するかのように、時折吹いてくるたおやかな風が桜吹雪を巻き起こし、大ケヤキにははらはらと降り注ぐ。その光景は筆舌に尽くし難い。こんな素敵な条件のもと大ケヤキに出逢えるとは、大袈裟かもしれないが、もう二度と訪れないのではないかと思うほどの、極上の

春の装いだった。「会津はこの時期に来るのが一番ですよ」との知人の言葉が、まさに実感できる。

ケヤキはいにしえ人にも馴染みのあった木で、『万葉集』には、巻第十一の旋頭歌《せどうか》「初瀬のゆ槻が下に我が隠せる妻あかねさし照れる月夜に人見てむかも」（初瀬の、神木の欅の木の下に、わたしが隠しておいた妻よ。照れる月に、人が見たであろうか）の歌を初めに、槻《つき》の別名でケヤキを題材にした歌が九首載る。また、ケヤキは「饌舎木《けやき》」で、穀倉の御饌殿《みけどの》（食事を準備する場）の目印に植えられ、槻は穀倉を貢ぐ調《つき》に由来するとも。その由来にふさわしく、高瀬のケヤキは会津の穀倉地帯の真ん中に、永年にわたってどっしりと根を張ってきた。

ケヤキは高級家具や建築の内装にも重宝されてきた。それは年輪模様が目立ち、特に老木では玉杢《たまもく》、如鱗杢《じょりんもく》などの美しい杢目が出やすいからとされる。そのためケヤキというのは木の姿ではなく、木目のことだとも言われる。家具材には打って付けであったであろう高瀬の大ケヤキ。よく伐採されずに生き抜いてきたものである。

樹高26メートル、幹周11.7メートル、推定樹齢1000年

この大ケヤキに一〇五五年（天喜三年）、源義家が安倍氏追討に当たって戦勝を祈り、この木を神木として樹下に社殿を建てて八幡神社を勧請したという伝えがある。現在、社殿は見当たらないものの、根元にはコンクリートでつくられた小さな祠が祀られている。

この高台は神指城跡と呼ばれ、次のような謂われもある。一六〇〇年（慶長五年）、ときの会津領主上杉景勝は、石田三

成と与《くみ》し家康を討とうとしたが、鶴ヶ城は山に近く守備に不利と見て、神指ヶ原に大規模な城郭を築くことを計画。家老直江兼続の指揮の下、人夫十二万人を動員し、昼夜休みなく工事を急がせた。ところが関ヶ原は家康の勝利に終わったため工事を途中で中止し、それ以後ここは廃城となった。

大ケヤキ越しに、冠雪頂いた飯豊連峰をしばらく眺めていた。するとどうした訳か熱いものが胸に込み上げてきた。神が住むという飯豊連峰の神々しさのせいか、はたまたこの地に残る深みのある歴史がそうさせたのであろうか。何の外連味《けれんみ》もなく悠然と鎮座している大ケヤキの姿に、多くの人たちが様々な感慨を抱くことは確かであろう。

古町の大イチョウ（県指定天然記念物）

優しく子どもら見守る

南会津町古町字居平

合併前の旧伊南《いな》村にある伊南小学校は夏休みのため静まり返っていた。職員室から先生方の声が微かに聞こえてくる。乾ききった校庭南面の一角に、深緑を繁茂させた大イチョウが立っていた。地上二《メー》〇《トル》余のところまで下がった枝々は夏の強い陽差しを遮《さえぎ》り、大イチョウの周りには爽やかな風が吹き寄せてくる。

イチョウは生きた化石植物とも言われ、いつの時代か中国から僧侶によってもたらされたとされる。漢字では「銀杏」または「公孫樹」と書く。銀杏は実の形が杏《あんず》に似ているということから来ているが、日本では「ギンナン」と発音し、実そのものを指すようになった。公孫樹は、祖父が植えた木の実はようやく孫の代に食べられるという意で、子孫づくりには長期間を要することを意味する。

この大イチョウは学校が建つずっと以前からここに存在していた。今日まで伐られずに学

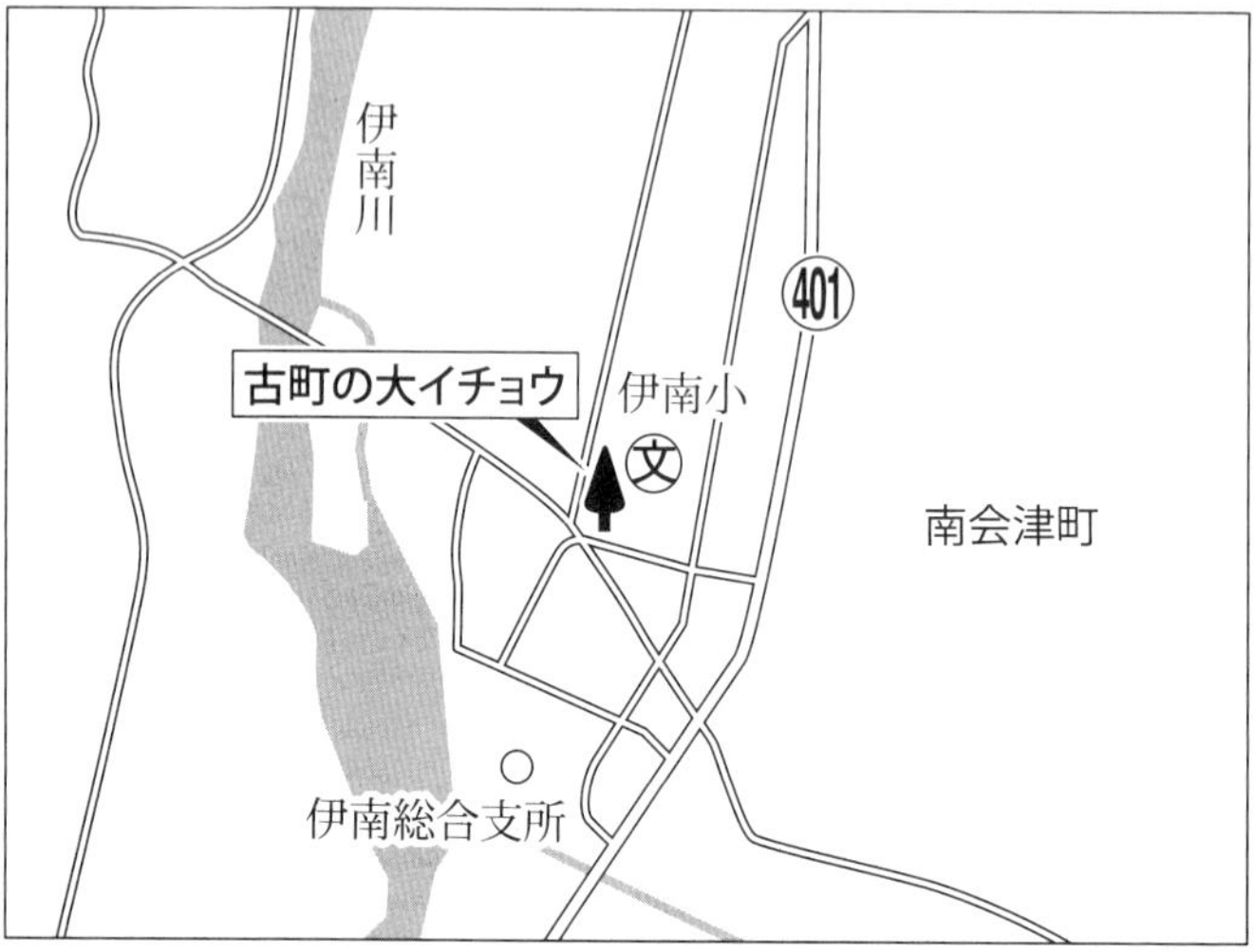

校敷地内に残されてきたのは、巨樹に対する畏敬の念によることはもちろんだが、「公孫樹」と「教育」とを結び付けてのことと考えるのは飛躍し過ぎであろうか。

山あいの校庭に大イチョウがでんと構えている姿は、自然のキャンバスに描かれた絵のようでいつまでも見飽きることがない。学校、卒業生にとってシンボル的存在であると同時に、今や地域にとってもかけがえのない財産だろう。雨の日も風の日も雪の日も泰然とした姿で子どもたちを優しく見守り、そして育んできた。幹に「のぼってはいけません」の小さな札が下がっていた。イチョウに上って遊ぶ子どもたちの姿が浮かんでくる。変哲もないこの小さな札に、ほのぼのとしたものが込み上げてくるのはわたしだけであろうか。

樹高35メートル、幹周11メートル、推定樹齢800年

北原白秋の『水墨集』の中に「銀杏《ぎんなん》」という詩がある。

銀杏は緑色の実だ、白い眼の形した殼、あの稜《かど》をたたくと――わたしは思ひ出す、小さな木の槌《つち》と台砧《だいしき》とを、お河童髪《かっぱ》さんの昔を。銀杏は緑色の実だ、火に寄せると金色の輝きをして苦いほど焦《こ》げる。――もひとつ作らう、小さな木の槌と台砧とを、また、秋風の夜を坐らう。銀杏は緑色の実だ。ひとつひとつ叩《たた》いて、さあ、ひとつひとつ焼かうよ、わたしは作った、小さな木の槌と台砧とを、おお、我子よ、坐らう。銀杏は緑色の実だ、あの白い殼をたたくと。

古町の大イチョウの来歴は建久年間(一一九〇~九九年)、会津四家の一つ初代河原田盛光が、東舘、西舘を築いてここに重臣を住まわせ、そのとき記念に植えた庭木がこのイチョウであると伝えられる。乳根がたくさんあり「母乳の神」として以前は隣県からも多くの参詣者があったという。枝葉なども不潔な場所に捨てると凶事があるとされ大切に愛護されてきた。かつては実がなっていたが、現在はならなくなったとも聞いた。

黄葉したイチョウが秋の光に燦然《さんぜん》と輝き始め、やがて散りばめられた黄金色の葉は絨毯と化し、見応えある風趣を創出するだろう。それは南会津に厳しい冬の到来を告げる前触れともなる。

沢尻《さわじり》の大サワラ（国指定天然記念物）

丘陵の畑地に孤高の姿

いわき市川前町上桶売字上沢尻

いわき市川前町上桶売《かみおけうり》のなだらかな丘陵畑地に、ぽつねんと日本最大のサワラが孤高《ここう》を持するかのように立っている。今までの案内には「沢尻の大ヒノキ」とあるが実はサワラ。一九七五年八月七日に国指定天然記念物に指定されたとき、誤ってヒノキと登録されて以来「大ヒノキ」の名称になってきた。

「木曾五木」という言葉がある。五木とは、ヒノキ、サワラ、ヒバ、コウヤマキ、クロベ（別名ネズコ）。江戸時代、木曾地域を領有していた尾張藩は、これらの五木は「木一本首一つ」と言われるように停止木《ちょうじぼく》として禁伐政策を実施していた。それは乱伐のため枯渇してきた木材資源を守るために採られた方策で、実際に首を刎ねられた例はないという。禁伐政策は、ある意味では現在の自然保護政策にも通じる——との考えもある。

サワラはヒノキの兄弟分でよく似ていて間違いやすい。葉で見分けがつき、ヒノキの鱗片《りんぺん》

状の小さい葉の一つ一つの先が丸まっているのに対し、サワラは先端が尖っていてやや薄く香気や光沢もあまりない。ヒノキは全体的に丸くなるのに対し、サワラは円錐形の樹冠となるので、遠望するとヒノキと区別がつき易いという。また、サワラは枝葉がヒノキより何となくまばらなところがあり、その名前も「爽《さわ》らか」から来ているとされる。

材は軟らかく加工しやすいが、建築材としては割れやすいので構造用には不向きだ。水湿に特に強い性質を利用し、風呂桶とか飯櫃《めしびつ》などの各種の桶に使われてきた。最近、それら桶類を見る機会はめっきり少なくなった。

近頃、抗酸化活性という言葉を聞く。身体の酸化(さびついた状態)を防ぎ、生活習慣病を予防して老化を防ぐ働きをいう。サワラはその効果がある樹木

樹高 34.3メートル、幹囲 9.7メートル、推定樹齢 1000 年

とされるので、時折、樹下に佇むとサプリメントに頼らなくても抗酸化活性が期待できるかもしれない。

枝は地表に接するぐらい垂れ下がって根元部分を覆い隠し、ゴツゴツした木肌には蔓柾《つるまさき》や木蔦《きづた》の太い蔓《つる》が絡み付いている。主幹は途中から二本に分かれ、樹肌のあちこちに

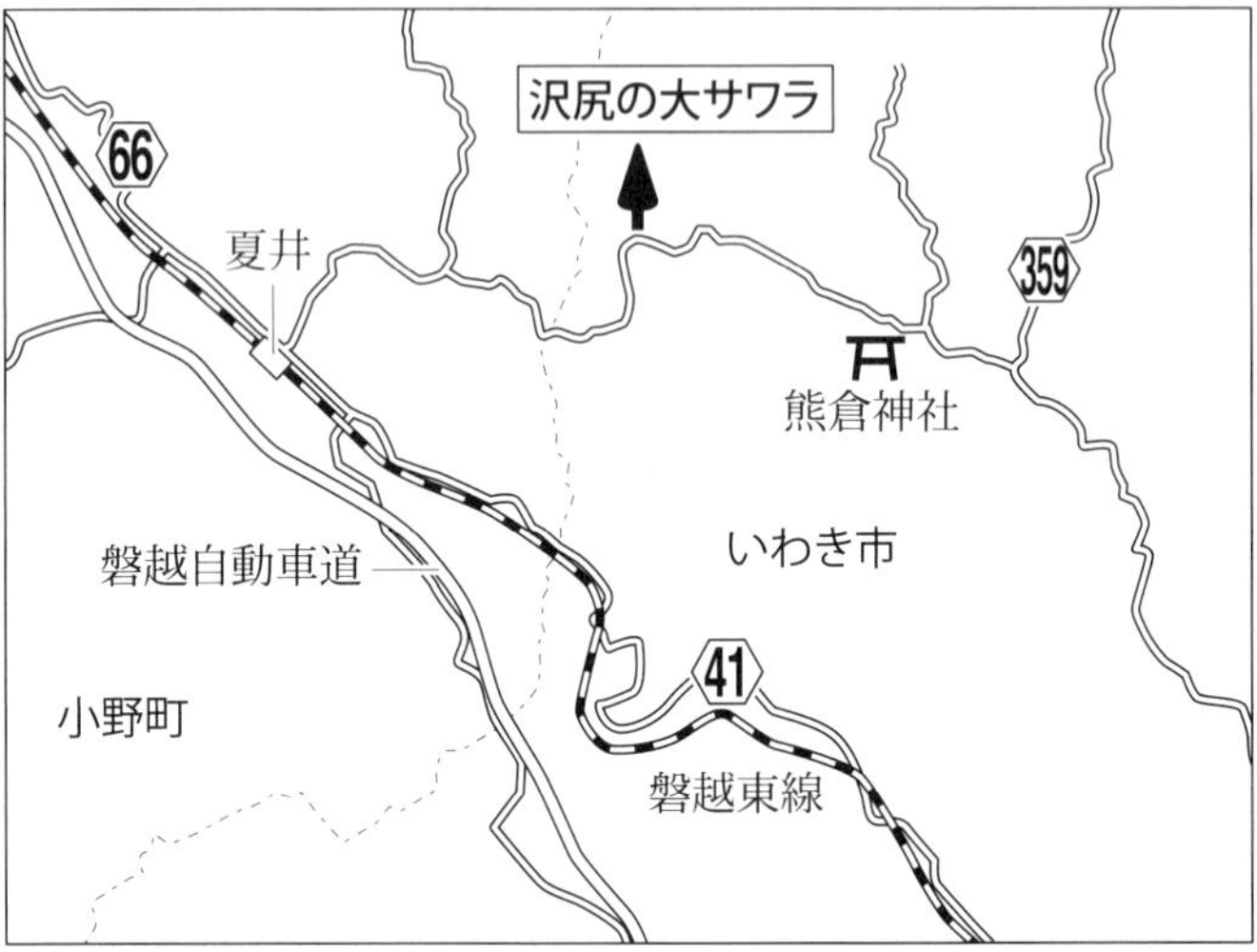

見られる深い溝には、得体の知れないものが棲んでいそうで、何となくおどろおどろしさを感じる。

根元に祀られる小祠側の「ツトッコ」(ツツコなどと呼ぶ地域もある)と呼ばれる藁細工から、巨樹に対する崇敬と地域の信仰の姿が伝わってくる。旧暦九月十九日には新穀祭がある。

あとがき

岩手県三陸町(現大船渡市三陸町)に杉の巨樹があると知ってからというもの、この杉だけは絶対外せないと心に決めていた。杉に逢うことはもちろん、この町自体を訪ねたいというかねてからの思いがあったからである。

四十年ほど前、都合十日ほどこの町で合宿をし、高齢者の方々に伝説や昔話を聞く機会があった。ほとんどの人がかつて襲来した明治三陸津波、昭和三陸津波による惨状と教訓を語っていたことを、今更ながらしみじみと思い出している。

三年前、ついに三陸町を再訪し杉とも出逢うことができた。町はそれほど変わることなく、ゆったりとした時の流れと「盛《さかり》」「越喜来《おきらい》」「吉浜《よしはま》」「綾里《りょうり》」などの懐かしい地名が当時の情景を呼び起こし、遠い日の淡い記憶に繋がってゆく。

「大王杉」は、里山中腹の越喜来湾を眼下に望める八幡神社の直ぐ裏手に巍然《ぎぜん》として立っていた。名称の通り、威風堂々とした貫禄十分な姿と出逢いを済ませ、きらきら光る穏やかな越喜来湾を眺めながらゆったり昼食を摂っていると、遥か彼方を一両編成の電車がコトコト走ってゆく。三陸鉄道南リアス線の何とも長閑《のどか》な風景を目の当たりにして、身心が和らいでいったことをつい昨日のように思い出す。

ところが、二〇一一年の東日本大震災によりその風景は一変してしまった。言葉にならないほどの甚大な被害は、町並みはもとよりあのノスタルジックな三陸鉄道南リアス線をもひとのみにしてしまい、運転再開まではしばらく時間が掛かりそうだ。一年が過ぎた今も復興は遅々として進まず多くの人々の避難生活が続く状況に、同じ被災者(原発避難)としてただ胸を痛めるばかりである。

生きものの拠り所としての役目も担ってきた巨樹たち。そこに宿る「木霊」は、未曾有の大津波や原発事故により破壊された美しい山や里や海、そして多くの犠牲者を出した悲しみから希望、勇気、元気、そして励ましをきっと与えてくれるに違いない。

今回、河北新報出版センターより出版の機会をいただき、あらためて巨樹たちの貌《かお》を思い浮かべている。東北六県を歩いた旅程を追懐すると、出会った人々から受けた様々な恩が沸々と思い起こされても来る。東北の一陽来復を願いつつ、この本がさらなる「恩送り」(受けた恩を与えてくれた人へ直接返す代わりに次の人たちへ送る)となればこれ以上のことはない。

二〇一二年六月

著者

注記

一、樹高、幹周、推定樹齢の数値や呼び名は、『巨樹巨木林調査報告書（北海道・東北版）』（環境庁）を主に、案内板、巨樹・巨木関連の書籍や資料などに記載されたものを参考にした。

一、巨樹・巨木の定義は、環境省の「地上から約百三十㌢の位置での幹周が三百㌢以上の樹木」を基準とした。また、幹周五㍍以上をここでは便宜的に巨樹としたが、環境省は巨樹・巨木の明確な区別はしていない。

一、探訪に際しては、根元には必要以上に近付かず、付近の住民に迷惑を掛けないよう節度ある行動をし、時間帯についても十分配慮した。

一、私有地に入る場合は、ひと言了承を得てからにした。

一、本書の福島県の巨樹については、二〇〇六年四月五日～二〇〇七年三月二十八日の福島民友新聞に「ふくしまの巨木」として四十五回にわたり連載した一部を加筆した。

主な参考文献

・『日本の天然記念物五　植物編Ⅲ』（一九八四年）講談社
・『巨樹の民俗紀行』牧野和春（一九八八年）恒文社
・『異相巨木伝承』牧野和春（一九八九年）牧野出版
・『巨樹名木（北海道・東北）』牧野和春（一九九一年）牧野出版
・『巨樹巨木林調査報告書（北海道・東北版）』（一九九一年）環境庁
・『牧水紀行文集』高田弘（一九九六年）彌生書房
・『日本の巨樹・巨木』高橋弘（二〇〇一年）新日本出版社
・『ふくしまの巨木』植田龍（二〇一〇年）歴史春秋社

植田　辰年（うえだ・たつとし）
●1952年福島県浪江町生まれ。
●紀行家。元福島県高等学校教員。
●1991年から原町市（現南相馬市）の市史編さん専門研究員。
●主な著書
『相双歴史散歩』
『浜通り伝説へめぐり紀行』
『ふくしまの古寺社紀行』
『ふくしまの巨木』
『ふくしまの近代化遺産』
（以上、歴史春秋社）

とうほく巨樹紀行

発　行　2012年7月24日　第1刷
著　者　植田　辰年
発行者　釜萢　正幸
発行所　河北新報出版センター
〒980-0022
仙台市青葉区五橋一丁目2-28
河北新報総合サービス内
TEL　022（214）3811
FAX　022（227）7666
http://www.kahoku-ss.co.jp
印刷所　山口北州印刷株式会社

定価は表紙に表示してあります。
乱丁、落丁本はお取り替えいたします。

ISBN　978-4-87341-279-5